戶田智弘 著
Tomohiro Toda
嚴可婷 譯

金錢之外，工作的理由

働く理由 99の至言に学ぶジンセイ論。

從九十九則名人哲語重新認識工作與人生

向人生道路上的前輩學習
工作的最終目的只有一個，為了讓你幸福！

推薦序

最有價值的目標

本書作者將「工作的理由」簡述為「錢」和「工作的意義」。「錢」當然很容易理解，但「工作的意義」呢？他引述了99位專業者的證言，從中進行分析。

對你而言，這會是本「看了可能會讓你更加樂於工作的書」，但對我們這些「價值學」研究者來說，這本書卻是非常有趣的資料庫，碰觸一個重要的當代哲學議題：「什麼是錢買不到的東西？」

對價值學家來說，人類心中的「價值」可以區分為兩類：其一是「外在善」，基本上就是「錢」與「錢能買到的東西」；另外一類是「內在善」，即「錢買不到的東西」。

後者到底是啥呢？

難就難在這。內在善非常難解釋，但卻比「錢」來得重要。

我們可以透過工作賺到錢，也可以因為運氣好，買樂透中了一筆錢。金錢很難掌握，把人生都押寶在金錢之上，以致富為人生唯一目標，必然有很大的風險。你可能因為運氣不好而隨時失去一切，也沒有保證可以賺到錢的方法。

因此「錢」，也就是「外在善」，擁有適量即可，重點在於「善用」。

換個角度來看，如果你把人生投注在「錢買不到的東西」之上，風險是不是會比較低？

確實如此。價值學家發現，如果你把人生設定在追求「內在善」，也就是「錢買不到的東西」之上，只要依照某種行為公式，就可以保證一定可以獲得「內在善」。這公式很短：「具備德行以追求活動中的卓越標準，就可以在過程中獲得內在善。」

「德行」指良好的行為習慣，「卓越標準」是過去活動參與者所留下的標竿。在「工作」活動中，你只要具備該工作所需的良好德行（勤奮、節制等等），並且追求前人留下的標準，就算未竟全功，也可以在參與的過程中獲得很大的滿足感與成就感。

這種滿足感與成就感，就是「內在善」，就是「錢買不到的東西」。而這本書所列舉的專業者論點，一再證明了價值學家在上世紀末的這個大發現。閱讀本書的過程，可以幫助你瞭解他們在工作上的投入與目標的設定，但也請你仔細思考，在自身的工作環境中，又該具備什麼樣的德行，追求什麼樣的卓越標準，還會獲得什麼樣的「錢買不到的東西」。

那才是對你最有價值的目標。

作家「人渣文本」／周偉航

前言

「你為什麼要工作？」在過去的時代，聽到這個問題，人們會毫不猶豫地回答：「為了填飽肚子」或「為了買想要的東西」。

但是在現今社會，這種回答很缺乏說服力。因為除非有什麼特殊狀況，一般人都還不至於在食、衣、住方面有所匱乏，想要的東西只要合乎自己的生活水準就能入手，有時只要再努力一點，甚至還能稍微奢侈一下。因此我們要重新思考：**「所以，我們究竟為什麼工作？」**

概略地說，**「工作的理由＝金錢＋工作的意義」**，可以這樣表現。如果把「金錢」置換成想養活自己而必需的物品也可以，亦即賺錢是為了確保必要的物質條件。「工作的意義」是除了「金錢」以外工作的理由，在此，我們先假設「工作會令人感受到意義與愉悅，使心靈充實」。

「金錢」與「工作的意義」究竟哪一方比較重要，因時代而有所不同。在物質匱乏的時代，大家會一面倒地追求「金錢」，無論如何要先拚命養活自己，把「工作的意義」置於其次。隨著社會富裕，金錢的「地位」逐漸降低，相對地，工作的意義顯得更為重要。

這時問題就出現了：與「金錢」相比，所謂「工作的意義」概念抽象、難以界定。正因為不容易定義，「工作的意義」這項要素較難讓人意識到；但不明顯並不表示重要性低，「工作的意義」其實非常重要。因為人為了生存雖然要吃飯，但卻不是單純只為吃而活著。

在「金錢」比重減少的當下，各位必須更深刻地瞭解「工作的意義」；否則「工作的理由」將變得虛無，這並不是件好事。因為維持現實世界運作的，正是人們的工作。

人會直覺地知道，為了自我實現，必須要工作。因為作為「真正的人」而不只是動物，工作是必要的。所以，最好所有的人都能致力於工作，而且感受到心中對工作的熱情，把握金錢之外「工作的理由」。不過這並不是件容易的事。

這個道理不僅限於個人，也適用於公司，所謂「工作的理由」正是公司存在的理由。

幾年前「牟利究竟是不是件壞事」曾蔚為話題，的確，如果賺錢只是一種手段倒無可厚非。但如果動機跟目的都只是為了賺錢，就不值得鼓勵。

本來，追求財富或物質上的富足只是種方法，公司也應該為其他的目的與價值服務。所以企業不能只奉營利為最高價值，如果獲利是公司最重要的價值，會變成為了賺錢什麼事都做得出來。要是動機、目的、事業本身全都以賺錢為目標，就會形成「為了賺錢而賺錢」的社會風氣。所以，公司與個人一樣，都必須思考「生存的意義」。

本書的旨趣正是將工作以「意義」的觀點整理出許多相關箴言。基於工作不只是賺錢手段的想法，將工作視為生活的一部分，希望大家更深刻地思考「工作」這件事。

「金錢」是量的概念，而「工作的意義」屬於質的概念。相對於前者是物質上的富足，後者則是心靈上的。如果從「金錢」的觀點出發，工作就是一種勞動，重點在於「辛不辛苦」。另一方面，工作如果從「價值」的觀點來看，就是一種志業，以「有不有趣」為主。如果從這樣的對立軸思考「工作的意義」，範圍將不只侷限於工作論，還會擴展到幸福論與人生論。

有人可能會覺得：聽起來好像很難、我做不到等等。不過，這就是活在已克服飢餓的富足社會中人類的宿命，也就是身而為人，而不是動物的命運——我們只能盡力而為。如果把工作視為一種義務，感覺會很嚴肅，但要是當成自己想做的事就會覺得輕鬆，做了肯定比沒做有趣，這是一定的道理。

我們既幸運又不無沉重地生而為人，而不是動物，並且活在這個時代。所以如果渾渾噩噩地活著，只是睡跟吃，其實真的很無聊。

NO.01

人類說起來就是某種「有病」的動物。
「煩惱」本身不是他們的問題，
面對「你為何感到苦惱」的質問，
說不出個所以然來才是最大的問題。

尼采，《善惡之彼岸．道德系譜學》（筑摩學藝文庫）

本書可跳躍式地閱讀。或許你會發現到處都有「關聯」與「關係」這些詞彙出現，那正是本書的關鍵字。

人類有跟他者「產生關聯」的欲望。因為人無法自己證明自己，必須透過與他人交流獲得承認，才能證明自己的存在。

以這種角度來看，他者不僅限於同時代的人，也包括已逝或不曾謀面、未來即將相遇的人。甚至不只是人類，也包括地球上生存的所有動植物。「希望產生關聯」的概念具有時間、空間方面的延展性。

人類身處於歷史及社會中，在歷史與社會裡我們找到自己，也感受到與「世界」的關聯。而其間的橋梁正是「工作」，工作具有聯繫「自己」與「社會」的力量。**透過「工作」使「自己」與「社會」產生聯繫，也就是在歷史與社會中找到自己擔任的角色。**角色會帶來責任感，責任感又與生存的意義相關。

除了「賺錢」以外，「工作的理由」還包括什麼？這個疑問也意謂著思考：什麼是富裕的社會、何謂人類的生活、人生的意義究竟是什麼。於是我們不只從經濟面著眼，還會以更多元的觀點來看世界。

在此謹以本書，獻給所有想從更廣泛的角度檢視自己的工作、重新看待透過工作交織成世間百態的云云眾生的每位讀者。

戶田智弘

CHAPTER 05

幸福VS成功

CHAPTER 06

工作VS勞動

CHAPTER 07

迷惘的力量、決斷的力量

挑戰力、持續力、適應力

CHAPTER 09

成功的探索自我VS失敗的探索自我

CHAPTER 10

探索自我與「探索世界」

CHAPTER 11 富足的悖論

CHAPTER 12 人生的意義

CHAPTER 13 活著就是創造自己的故事

第一章
察覺可能性

No.02-06

NO.02

所有實體必然都是無限的。

斯賓諾莎（哲學家）

《倫理學（上）》（岩波文庫）

如果詢問國、高中生「將來想從事什麼樣的工作？」，得到的答案通常只是：老師、公務員、醫生、看護、美容師、研究員、消防員等。還不會出現理財規劃師、策展人、律師、保育巡查員、禮賓服務員、金雕藝術家、語言治療師等職業。

為什麼呢？因為對他們而言，前者是熟悉的職業，後者是陌生的職務。在宣稱自己想從事某種工作前，必須先充分瞭解職務的內容。也就是人對自己不瞭解的職業不感興趣，這聽來似乎理所當然，正因為瞭解A這種職業，才可能注意到A職務甚至感興趣。

進一步說，譬如有大學生自稱：「我對銷售有興趣，但是對業務沒興趣。」這句話的可信度究竟如何？我相當懷疑。因為這名大學生不無「對銷售有某種程度的瞭解，但是對業務工作還不太清楚」的可能。

所以，我們不能輕易地說出「沒興趣」這種話，其實那多半只是「因為不瞭解所以沒興趣」。另外，「即使知道但是沒興趣」也可能只是因為「瞭解得不夠深所以不感興趣」。

世界上沒有與自己完全無關的事情，雖然有深淺之分，但人們或多或少會對各種事情產生興趣。尤其在年輕時，不要侷限自己的視野，限制自己的可能性，應該要擺脫框架並擴展自己的可能性。

有些人即使有才能、費盡心力，遺憾的是依然沒有成果。但也有人雖然沒什麼才能，也沒有特別努力，也不知道為什麼，卻總是好運不斷，成為贏家。

差別在於：將自己覺得未來「如果能這樣就好了」的可能，盡量列舉出來，成功率也將隨之成正比。

當然抱持著一百種期望的人，會比只堅持一個願望的人，「願望達成率」提高一百倍。

內田樹，《這樣的日本豈不是很好》（Basilico出版）

繼續再談工作。人知道自己究竟喜歡什麼、對什麼感興趣，是非常重要的事情，但不能只停留在「喜歡」、「感興趣」的階段。必須有意識地產生更深刻的體認，所謂「有意識地」，也就是「透過努力」、「經過訓練」。我們不可能在不知不覺間對某件事產生興趣。

希望各位注意的是，「對多種事物感興趣」，不需只專注於其中一項。如果只集中一項附諸行動，效率不佳，應至少列舉三項作為候補，並且同時進行。就算抱持著「讓這三項互相競爭」的心態也無妨，「如果A不行的話B也不錯，B失敗的話還有C」，這樣思考會比較輕鬆，心情也會更平靜。

隨著興趣加深，就會具備分辨真材實料與假貨、一流與二流的能力，觀察事物與人的眼光會越來越透澈。你或許會發現值得學習的對象，這麼一來，你會想鑽研得更深，對自己的要求也會更高。

NO.04

換句話說，創意無非是將既有的要素重新組合，除此之外什麼也不是。

（中略）

將既有的要素重組為一的才華，取決於發現事物關聯性的能力。

詹姆斯・韋伯・揚（曾任廣告公司常務顧問）

《生產意念的技巧》（阪急通訊出版）

察覺事物的關聯性，配合興趣

當我三十歲時，努力思索未來的生涯規劃卻想不出答案。當時我向朋友傾訴自己的煩惱：「我感興趣的事很多，卻無法專注於某一項……」

朋友回應：「對各種事物感興趣不是壞事，這樣很好。人生也會變得更愉快吧！」我聽了如釋重負，心情忽然變得很輕鬆。我喃喃自語：「是這樣啊，原來興趣廣泛並不是壞事。」

朋友繼續說：「在目前這個時間點，你不必勉強自己專注於某個領域。先思考如何組合感興趣的事物怎麼樣？有人說，所謂的創造性，不就是將既有的事物重組嗎？」

我聽了這段話以後想：「我要以自己的興趣與適性為基礎，再思考如何組合。將來一定會有能發揮自己、具創造性的工作機會出現。」

例如居住在京都府綾部市的塩見直紀先生（一九六五年生，五十歲），提倡今後的生活方式可採用「半農半X」模式，亦即農與X的組合。農就是務農或半自給自足式農耕，X是發揮一個人的個性與專長、使命的「某件事（天職）」。

「我從二十歲後半到三十歲前半，最關心的是環境問題與尋找天職。環境問題等於農，天職可置換為X。」塩見先生目前邊在三反的農田種稻，邊以「半農半X研究所」代表的身分從事寫作、演講、教學、活動企劃等。

如果要舉半農半X的實例，可以是半農半NPO、半農半經營咖啡館、半農半看護、半農半學校心理諮商、半農半地方民意代表、半農半歌手等。

「要過務農生活其實並不困難，問題在於找到天職，也就是X的選項。我的任務是推廣半農半X的概念，並且為有興趣投入半農半X的年輕人提供協助，幫助他們提升X的能力。」

基於這樣的想法，塩見先生在全國各地推動「半農半X設計學校@綾部」、「半農半X東京學院」、「綾部里山交流大學」等活動。

獨創存在於重新組合。獨創存在於「不同事物之間」。如果只有A或許不稀奇，但是A×B就變得比較特別，A×B×C則更罕見。你何不也試試組合些什麼？想想你又將以什麼方法把它們組合在一起呢？

NO.05

有些人想當電影導演，但他們的想法完全錯誤。說想要成為什麼，其實只不過出於希望成名、受到認同的心理。最重要的是，要打從心底想要拍電影。

尚・皮耶・惹內（電影導演）

「我想要成名。所以，我想當電影導演。」與「我想拍電影。所以我想成為電影導演。」——這兩者的差別很大。共通點都是以當電影導演為目標，但動機卻不相同；前者的動機是成名，後者的動機是拍電影。

這兩種人究竟誰比較能真正展開行動？當然是後者。後者因為想拍電影，所以一定會拍出些什麼，而前者不會想立刻付諸行動。

NO.06

「想成為某號人物」的人很多，但「想做些什麼」的人卻很少。

長岡半太郎（物理學家）

我們來對照正在思考「我要成為什麼」的N君，與「我到底要做些什麼」的S君。

N君通常不會想到自己現在會什麼，很容易朝開始這份工作後能做什麼的方向思考。S君邊想著「我到底要做些什麼」，而當下一定有某些事可以完成。S君比N君更快付諸行動，就這點來說的確比較強。

另外，N君通常會選擇大家都嚮往的職業，由於競爭激烈，最後失敗的機率相當高。S君考量的是「我想做什麼」，所以會找出「能夠實踐」的途徑前進。就臨機應變的能力而言，S君會比較靈活。

而N君在達到目標以後，接下來往往就不知道該做些什麼，達成目標的成就感也往往被空虛包圍。（正如同上述的情形，N君會遇到種種陷阱。）**在下定決心「想成為A」之前，首先請思考「成為A之後想做什麼」。接著再想想看，「如果要做這些事，除了A的身分以外，還有別的方法嗎？」**不只是目標才有意義，希望各位別忘了在行為本身找出意義。

別把「興趣」當名詞，要想成「動詞」

在思考自己的興趣時，有兩種模式。一種是當「名詞」思考，另一種是當「動詞」思考。「名詞」是從事一份職業會經手的部分、工作上會接觸的項目。

「動詞」意謂著工作上具體的行動。譬如我對書有興趣、也就是我很愛書，這是「名詞」的意象。不過，當你明瞭自己的興趣，如果只以「名詞」思考就變得太淺，想法也會流於抽象。

因此要以「書」為對象，試想各種動詞。找書、讀書、寫書、介紹書、整理書、販售書、裝幀書、修繕書——這是「動詞」的意象。動詞表示具體的行為，同樣是與書有關的職務，工作內容也完全不同。

自己感興趣的事物不要只當成「名詞」，試著以「動詞」來思考吧。請各位觀察「働く」（即日文「工作」）的漢字，不就寫成「人在動」？換句話說，「名詞」可對應業種，「動詞」可反應職種。

第二章
「想做」與「能做」的事

No.07-16

NO.07

生活由以下兩件事構成：
想做但做不到的事情。
辦得到但不想做的事。

歌德（詩人、哲學家）
《歌德格言集》（新潮文庫）

二十五歲春天，我參加了青年海外協力隊說明會。（即臺灣民眾熟知的海外志工，青年海外協力隊是日本實施政府開發援助（ODA）的一環，由獨立行政法人國際協力機構（JICA）協助的海外志工派遣制度。）

我從高中開始就很關注環境與自然保育議題，當時夢想能考上大學，成為這方面的研究者。但我的成績不好，無法就讀第一志願的科系；而我無力自行修正人生，也不曾積極地嘗試改變。每天渾沌度日，大學畢業後，我選擇差不多的公司就業。進公司一年後，深感到「在這裡待下去實在很痛苦……」。這時，我看到青年海外協力隊的廣告。

吸引我注意的是赴哥斯大黎加生態調查的活動，翻閱當時的日記，相關記錄如下：

「調查隊直屬於企劃部，從事再開發、整合計劃，包括造林（首都森林）、廢棄物、水質、河川等環境影響調查研究等。尤其是保護河川流域、解決廢棄物問題、自然保護計劃，需要與自然保育、公害相關的知識技能。」

說明會當天，開頭一小時讓我們觀看青年海外協力隊的介紹影片。之後，聆聽各部門的詳細介紹說明；我心想「這正是我想做的工作」，這大概是命運的安排吧。

接下來是個別面談。然而，我卻從負責人口中聽到：「倒不是說你沒資格，但是你缺乏實務經驗，很難錄取你。」這樣殘酷的話。雖然我努力地推銷自己：「我讀的是理科，大學專攻應用化學，還自己選修、研究排水處理……」，但對方回答：「嗯——很抱歉，這跟我們要求的經驗不太一樣。」

我無能為力。辭去工作、去海外從事與環保相關的工作，是當時對我而言最重要的事情。「從明天開始我要怎麼活下去呢……」我還記得當時自己非常沮喪地回到公司宿舍。

我能勝任公司的工作，卻不想做下去。海外志工是我想做的，卻沒有機會。現實就是如此。

我喜歡的工作VS工作選擇了我

釐清「能勝任的工作」與「想做的工作」並不容易。不論我有多想要這份工作，工作機會也未必會眷顧我。相反地，就算有工作選中我，我也不一定會喜歡這份差事。

「我喜歡這份工作」應該不需要說明，就是不論程度多寡，對工作抱持著興趣與熱忱。另一方面，「工作選中我」則與我是否具備相關能力有關。

讓「能勝任的工作」與「想做的工作」交集的方法有兩種。其中之一就是先參與「想做的工作」，不論只是打雜也好、當志工也好、實習也好，再從中扎實地增強自己的能力。

另一個辦法則是先將「想做的工作」置於一旁，先從事自己「能勝任的工作」，培養自己的實力。只要藉由「能勝任的工作」磨練自己，漸漸地就能趨近「想做的工作」。另外，在「能勝任的工作」中，或是與

「能勝任的工作」相關的領域，說不定又會發現「想做的工作」。

NO.08

我認為人之所以比別人差的原因，並不在於能力，
而要歸咎於運氣。

普魯塔克（思想家）

NO.09

天才？世上沒有這回事。
只有努力學習與正確的方法，加上不斷地計劃。

羅丹（雕刻家）

世上沒有與生俱來的天才

當我們看到成就偉大功業，有天才之稱的人，容易簡單地以「因為他很有天分……」解釋，這樣講很輕鬆，但羅丹說：「世上沒有與生俱來的天才。」

光憑天生的資質不可能成功。正如莫泊桑所說：「所謂才能就是持續的熱情」，在才華中「資質」的比例占比很低，充其量只能算是「芽」而已；**才華中有相當高的比例，是不喪失熱情、持續努力的能力。**

雖然也有極少數沒經過什麼努力，只憑天生的才華就成功的例子。但這些人不能算是什麼「大器」，頂多只能是中等人罷了。而且這些人再過五年、十年、二十年，究竟是否能繼續引領風騷，恐怕很值得懷疑，這種人綻放光芒的時間非常短暫。

要成為超一流人物並長時間保持地位，必須非常努力，而且費盡苦心，我們一定能從這樣的人身上學到如何努力與思考的正確方法。

NO.10

十九世紀西班牙最優秀的小提琴家薩拉沙泰，
曾受知名樂評家評為「天才」。
他聽到後堅決地說：
「天才！我在過去三十七年間，
持續每天練琴十四小時，
直到現在終於稱得上是天才。」

約翰·麥斯威爾

《將尋常日子化為黃金的箴言》（講談社）

NO.11

一路走來，我總是聽人告誡：「如果你只跟其他人一樣努力，就會屈居人下。即使比別人更努力，也只能跟一般人一樣。必須比他人加倍賣力，才有現在的成果。」

高橋尚子

《發人深省的頂尖跑者語錄》（PIA出版）

NO.12

努力只是其中一項要素。如果我們仔細思考，會發現努力有兩種。第一種是直接的努力，另一種是間接的努力。間接的努力也就是花在準備上的工夫，既是成功的基礎也可說是泉源。直接的努力是正面的努力，譬如竭盡心力的時候。（中略）

只不過有時候努力未必有好成果。那可能是努力的方向錯誤，或是缺乏間接的努力，一味地只有直接的努力。努力實現不合理的願望，也就是努力的方向錯誤，所以要為合理的願望努力，如果還是看不到成果，那恐怕是缺乏間接的努力吧。

幸田露伴（小說家）

《努力論》（岩波文庫）

「間接的努力」與「直接的努力」

幸田露伴將努力分為「間接的努力」與「直接的努力」。「間接的努力」也就是在前置作業先下工夫準備，「直接的努力」就是投入心血盡力實行。

如果忽略間接的努力，只為直接的努力下工夫，所謂的努力論就只是唯心論罷了。在間接的努力不夠充分的情況下，無論累積多少努力，終究只能「付出與成果不成正比」。如果要獲得與付出相當的成就，間接的努力絕對不可或缺。

那麼，究竟什麼是間接的努力？其實也就是準備的努力，我認為可分為兩個階段，第一個階段是客觀地觀察自己的能力，決定最適合自己的方向。所以，光是從外部觀察目標還不夠，必須接近，實際嘗試過，體驗看看是否與自己的適性相符，或是向從事這個行業的前輩徵詢意見。到第二個階段，就是仔細區分執行這份工作必要的各種能力，並思考充實各項能力最好的方法。

職棒東北樂天金鷹隊的前總教練野村克也曾說，雖然球技有其界限，但思考的能力（方法論）沒有止境。（參考《勝利者的資格》，日本放送出版）

這段話出自職業棒球選手，對於非運動選手的一般人而言，平常需要的能力大部分都屬於腦力；包括觀察力、記憶力、邏輯思考能力、分析力、判斷力，這些能力與身體能力不同，沒有界限。

NO.13

有些人會問：「究竟要多努力才行呢？」
我想反問的是：「你認為人生是什麼？」
正是在努力與創造之際，才造就真正的人生。

御木德近（宗教家）

NO.14

人無法決定自己是否能成為一流人物，
那是神所掌控的範疇。
所以，就算努力也未必能登上一流，
但只要謙遜地努力，就能成為二流人物。
二流人物明白一流所代表的意義，
而不懂何謂一流、二流的人，只能成為三流人物，
所以在二流與三流之間，存在著無限遠的距離。

田村隆一，《千年語錄—想傳給後人的珍貴名言語錄》（小學館）

以《空中殺手》、《攻殼機動隊》等片聞名的電影導演押井守曾這樣寫：「我並不比別人更優秀。我只是持續看電影、談電影，一直從事跟電影相關的工作，而且不厭倦。只有這部分可說是我的『才能』……」（《作為凡人這件事》，幻東舍新書）。

押井守繼續寫道，他為了看電影不但犧牲了青春的一切，看完後一定會把感想寫在筆記本上。不論看了多無聊的電影，也會持續思考這部片究竟哪些地方無聊，如果是自己來拍，會如何處理那段場面。這就是屬於他個人的努力與訓練的方法。

我們稍微思考一下，把看電影的感想寫在筆記本上，會增進哪方面的能力？

其中之一就是感受力。只是一晃眼看完電影，跟看完電影後把感想寫在筆記本上，這兩種看電影方式的深度與廣度截然不同。也就是感受力的強度有所差異。

還有一種就是創造力。寫了幾冊筆記本後，在重覆回顧這些文章的同時，又會有新的發現。藉由重組筆記裡片段的訊息，會更明白新的想法與方法，以及自己的風格。

創造力簡而言之就是「重新組合的能力」。儘管如此，卻也沒有特別的手法。最重要的並不是手段本身，而是要提供給組合足夠的資訊數量。量（Input）是質（Output）的保證，而影響量的關鍵，正是感受力。

NO.15

幸福不存在於怠惰中，安逸中沒有幸福。
充其量只能算平穩，有些餘裕，
卻不是充滿光輝的幸福。
平穩到了最後，就只是平穩，總會有令人感到乏味的時候。
遲早會覺得好運也不過是運氣好罷了，沒啥意思。
所謂幸福並不是這樣的狀況，
幸福只存在於持續努力的生活中。

石川達三，《人與愛與自由》（新潮文庫）

幸福論也就是工作論，工作論即是努力論，由此可見幸福論就是努力論。

石川所謂的「努力生活」，也就是有工作的生活，換言之，正如卡爾．希爾逖《幸福論》所謂「只因休息而稍微中斷，不斷從事有益活動的狀態」，而這正是「世界上最幸福的狀態，人也不會再希冀其他別種幸福。」這是最實在的幸福論，對我而言也是最適合自己的一段話。

NO.16

尚未定型的人一上台就不成樣子。一塌糊塗。
若要已定型的人展現創造性，往往出人意表。
如何？懂了嗎？難以理解嗎？
結論是如果要建立風格，就一定要下工夫。

立川談志（落語家）

立川談春，《紅鰐魚》（扶桑社）

如果想要有獨特的生活方式，首先一定要建立自己的風格。具備自己的風格之後，持續追求進步時，會遇到與自身風格不符的狀況，這時自然會有創意誕生。在此之前，非忍耐不可。如果沒有先建立自己的「形」，就算想嘗試創新，最終將功敗垂成，立川談志正是這樣的意思。

杉浦康平在《造型的誕生》（NHK出版）這本書中，提到應該重新將「形」（かたち）視為「かた」（kata）與「ち」（chi）組合而成的複合概念。

「かた」即是型，意謂著反覆呈現出同樣的形態。而「ち」則是代表「生命」（いのち）、「力量」（ちから）的「ち」。杉浦康平認為，「所謂的『ち』正寓於血與乳。或是轉化為風與靈，將『型』從沉睡的呼吸中喚醒。」（摘錄自《造型的誕生》）這時，「型」自然會轉化為「形」。

如果想從事具有原創性的事情，首先必須從模仿開始。模仿是一種學習，學習也就是效法他人。所謂效法他人，就是將自己融入某種原型之中的行為。如果自己沒有先順應某種原型，就不可能有所創新。要是缺乏模仿與反覆為基礎，獨創性無從產生。

第三章
瞭解自己的價值觀

No.17-22

NO.17

到了最後，人會謹守著「就這件事，我死也不能放棄」的底限。所謂「不能放棄的底限」，換句話說，也就是自己生存之道的軸心，最好越早建立越好。

不論你的主軸是什麼都好。如果太過細瑣當然也有點煩人，不過卻能帶來自律的壓力呢。

色川武大（小說家）

《表裡人生錄》（新潮文庫）

尋找自己生存之道的主軸

色川武大將「就這件事，死也不能放棄的底限」，解釋為「自己生存之道的軸心」。一般來說，這就是所謂的「自己的價值觀」，也可置換成自己的風格、自己的堅持、自己的鬥志、自己所重視的事情等。

認識自己的價值觀，亦即明確知道「對自己而言，好工作究竟是什麼」。事實上，「好工作究竟是什麼」的答案因人而異，原因在於每個人價值觀不同。價值觀是選擇工作或公司時的判斷標準，判斷標準明確的人能做好選擇，未建立判斷標準的人則無法適切選出工作與公司。

找尋自己價值觀的方法之一，就是試著將腦海裡的想法轉化為語言，自問：「對我而言什麼是好工作？」「對我來說，什麼樣的公司是好公司？」「什麼是最適合我的工作方式？」

接著試舉些例子。譬如「會讓人感謝的工作」、「對人有幫助的工作」、「具備專門知識的工作」，「員工充滿活力的公司」、「大公司」、「有知名度的公司」，「可獨立作業的工作」、「可赴海外工作的公司」、「具有魅力的公司」、「氣氛好的公司」、「能在本地持續工作的公司」，「想在令人尊敬的老闆手下工作」、「會使自己成長的公司」、「能發揮自己能力的公司」，「容易看到成果的工作」、「能掌控自己業務的工作」、「開發新構想或產品的工作」、「獲得高報酬的工作」、「在外到處跑的工作」、「能挑戰新事物的工作」、「多樣化工作的職場」、「專注於同一個主題的工作」、「不加班的工作」等，一定會有各式各樣的價值觀。

此外，還能從覺得可作為模範，或嚮往的人來探索自己的價值觀。

如果你已經出社會，就從公司裡的前輩或同事、客戶尋找適合學習的幾位榜樣，假設你還是大學生，可以將打工處的店長或前輩、社團的伙伴等當成學習的對象。接下來自問「為什麼我要以這個人為榜樣？」「對方有什麼優點是我值得學習的？」答案正是你的價值觀。

關於自己的價值觀，前種方法是抽象地思考，後者是具體地思考。

思考要同時具備抽象與具體兩種方法，才能達到相當的成熟度。

要是腦海中只浮現抽象的語言，就思考「什麼樣的人會運用這樣的工作方法？」試著找出符合此種形態工作的人或公司。反過來說，如果想到具體的人，就試著以語言表現「我究竟嚮往這個人哪些部分？」——藉由反覆這兩個步驟，會讓自己的價值觀更明確。

在這個時間點讓「自己的價值觀」更明確

年輕時要明確掌握自己的價值觀並不容易，價值觀會因為自己所處的環境而受影響，並非一成不變。但是人在人生的每個轉折，都必須要釐清當下「自己的價值觀」。

舉例來說，譬如有兩位社會人：價值觀很明確的A，與價值觀還不明確的B。

價值觀明確的A，對於目前在公司工作會感受到某種必然性。「我是擁有這種價值觀的人，所以我選擇這家公司。我想在這裡獲得某一些能力，並且成長。」自己也會堅信這樣的想法，不論遇到什麼樣的困難都能克服，也會持續展現鬥志。

另一方面，價值觀不明確的B，並不覺得自己非要在現在這家公司工作，每天都覺得很迷惘：「不知不覺就從事這一行，進了這家公司，也沒多想就擔任現在的職務……或許別處還有更適合我的公司或工作吧……」由於心不在這裡，也無法真正投入工作。

NO.18

不論想從事什麼樣的工作，
以什麼樣的身分，
都必須維持這樣的自覺，
請思考接下來的方向。
你現在究竟從事什麼工作？
所做的事情對自己來說重要嗎？
對別人而言重要嗎？
而且對眾人重要嗎？

是否對全國人民有意義？
對世界上的人有意義？
對自然界的各種生物有意義？
請仔細思考。
如果答案都是否定的，還是放棄比較好。
因為世界上的萬事萬物，
其實彼此都互相有關聯呢。

手塚治虫，《佛陀》第9集（講談社）©Tezuka Productions

剛出生的嬰兒無法分辨周遭的人與自己的差異，覺得所有東西都渾然一體。但藉由知道與自己不同的東西、與自己不同的人之存在，並產生抵抗的經驗，漸漸地就會萌生自我的意識。

NO.19

陷入僵局是展開的一步。

吉川英治（小說家）

《草思堂隨筆》《吉川英治全集》第52集（講談社）

大人也是一樣。學生也好，社會人士也好，當生活一帆風順時，我們不會意識到自己。就像腸胃消化良好時，我們不會意識到它們的存在。

然而，當我們處於某種逆境，譬如自己想這麼做但社會不認同，或是自己明明不想做，周遭卻這麼要求，我們的意識會傾向自己。

試問自己：「我不想做什麼？」「我想怎麼樣？」「我想成為什麼樣

的人？」。接下來試著反覆思考：「那麼，我想做什麼？」「所以我想要什麼？」「我究竟想成為什麼樣的人？」藉此加深對自己的認識，確立自己的價值觀，這種價值觀正是迎向外界挑戰的能量來源。

NO.20

因為討厭，所以討厭。

內田百閒（小說家、隨筆作家）

基本上人是害怕變化的生物。因此只要沒有危機感，就會維持在原地不動。因為意識到危機，才會覺得：「非改變不可！」我自己的經驗也是如此。

不過，危險跟機會是一體兩面。**危機不只是危險，也意謂著機會。**是什麼樣的機會？表現出目前為止隱藏的自我本質的機會。不要浪費這個機會，試著更瞭解自己，更清楚自己的價值觀吧。只要明瞭自己的價值觀，就能確定自己的方向與目標。只要做到這一點，就能跨出新的一步。

NO.21

問題在於你想做卻做不到的事。
機會存在於你還不知道，想做且能做的事情。

愛德華．德．波諾（節錄自哈利．亞德，《為主管準備的神經語言規劃》，東京圖書出版）

即使居酒屋裡的人都說著「工作真無聊！」，大家心裡想的還是不一樣，每個人煩惱與不滿的面向都不同。

①為個案煩惱（包括業務的進展與職場人際關係）

②為現職煩惱（目前任職公司的制度與公司今後的發展）
③為職涯煩惱（超過公司等框架，包括工作整體或自己的生涯規劃）
④為人生煩惱（超越狹義的工作或生涯等範疇，屬於人生問題）

因為有這些差異，接下來要採取的步驟也不同。（平本相武，《指導的魔力》，PHP研究所）

在進公司二年九個月後，二十七歲的冬天，我向直屬上司提出離職申請。這件事很快地由課長傳至部長、事業部旗下的總務部、總公司人事部。於是總公司人事部建議：「公司可以讓你調到想去的部門，你不必離職。」他們說：「才做到第三年就離職，對公司是一大損失！」

當時我隸屬於事業部的研究所。雖然在一瞬間有些心動，但很快就冷靜地思考：「不論去哪個部門都一樣。」我的情形正是如此。雖然轉換職務可以改變心情，但適應後又會遇到同樣的瓶頸。我的煩惱大概是介於第③跟第④項之間，所以最後還是辭職。

假使你覺得現在的工作很乏味，即使努力也無法改變現狀，自然會想到各種選擇。大致上可分為轉調公司其他部門的「異動」，辭職改去其他工司從事同樣工作的「轉職」，不但辭去工作、連職業也換了的「轉行」，不論公司、職業、生活都一起徹底改變的「換跑道」。

思索有沒有犯了「遠美近醜」的毛病

不論是異動也好、換公司也好、轉職也好、換跑道也好，不論以何種形式在職場上轉換時，最好想想「遠美近醜」這句話。正如字面上的意思，近處的東西看起來比較醜，遠處看起來就比較漂亮。

嫌棄「這裡」，喜歡「那裡」——人本來就有這樣的傾向。會不會只是因為現在身在「這裡」，所以才覺得不好？是不是因為「那裡」目前不是這裡，所以感覺很好？等去了「那裡」，「那裡」變成了「這裡」，會不會又對別的地方心生嚮往？——試著這樣問問自己吧。最好確定從「這裡」轉移到「那裡」，不是出於「遠美近醜」的心態。

NO.22

人生是一種機會，請從人生好好掌握些什麼。
人生是一種美，請好好珍惜。
人生是一種喜悅，請品味人生。
人生是一種挑戰，請接受你的人生。
人生是一種責任，請妥善度過一生。
人生是一種遊戲，請享受人生的樂趣。
人生就是財富，請不要輕易地失去它。
人生也很神秘，必須明白這個道理。
人生令人悲傷，要克服這份悲哀。
人生即是冒險，請勇敢地挑戰。
人生代表幸運，要讓幸運實現。
人生無法重來，請不要讓它受到摧殘。
人生就是人生，請直接面對。

德蕾莎修女（慈善工作者）

第四章
透過工作表現自己

No.23-26

NO.23

人經常將反映自己內心的事物形諸於外，
有時透過歌唱，
有時透過敘述，
亦即透過表現形成進一步的認識。

山崎正和（作家）
《發揮演技的精神》（中公文庫）

重點是「工作＝自我表現」？

「透過工作，我們會表現出自己的能力、興趣、價值觀。如果不是這樣，工作會變成無聊又沒有意義的事。」美國生涯規劃師蘇柏（Donald E.Super）如是說。

如果從事能發揮自己能力、合乎興趣、能彰顯自身價值觀的工作，就會覺得工作很有趣，不會感到乏味，將從工作獲得許多能量。但從事無法施展自身能力、沒有興趣、跟價值觀悖離的工作，只會覺得是苦差事。除了把自己的時間賣給公司賺取金錢，感受不到「工作的理由」；透過工作獲得金錢的代價是失去生命能量，蘇柏的意思正是如此。

這些話基本上是正確的，不過卻不是絕對的。效果因人而異，有利有弊。

在開始工作之前，或剛開始工作之際如果過於在意這段話，將陷入困境。如果把蘇柏說的這段話當聖旨，以為「我找不到能表現自己能力、興趣、價值觀的工作，所以我不工作」就錯了，或採取「在我找到真正適合自己的工作前，先靠打工過日子」這樣的策略就糟了。

假設我現在搭時光機回到二十五年前的世界。當時我還是大學四年級的學生，即使我懂得「工作要能表現自己的能力、興趣、價值觀」，但並不能因此得知自己適合的天職（還不是「從事」）。

為什麼呢？因為當時我還不具備任何專業能力。而且我也還不完全明白自己的興趣是什麼，對於自己有什麼樣的價值觀也尚未產生自覺。

也就是說，在過去的時間點，我還沒建立起「自我」。

我們再回到山崎正和的話。藝術家並不是從一開始就很清楚自己想表達的意念，然後表現出來。**而是透過表現這件事，更清楚自己想表現什麼**，藝術家也是在事後才知道自己想表現什麼。

這樣的情形不僅限於知名藝術家，也適用於所有表演者。只要不把「工作」當「勞動」，而是「志業」，每個人都是表演者；如此一來，這段話就適用所有人。

NO.24

人究竟要如何瞭解自己呢？
不是透過觀察，而是透過行為。
好好盡你的義務吧。
這麼一來，你將更清楚自己的能耐。
不過，你的義務是什麼呢？就是每一天該完成的事情。

歌德（詩人、哲學家）

《歌德格言集》（新潮文庫）

不只思考自己是什麼，還要行動

所謂就業，就是尋找「適合自己」的「職業」。瞭解自己→認識職業

↓為找到適合自己的職業而行動——也就是所謂的求職。

想瞭解自己，看似簡單卻相當困難。最常見的錯誤就是卡在「我是什麼樣的人」的疑問中，應該要改問：「**我想從事什麼呢？**」要著眼於行動才對。

首先試著想想自己具體的人際關係。冷靜地觀察：在這個網絡中，自己究竟能做什麼，提供什麼樣的服務，發揮何種能力，與誰以何種方式合作，擔任何種角色。

事實上，在實際投入工作前，無法清楚明白自己的興趣、能力、價值觀；在真正開始工作後，才會明白自己的興趣、能力、價值觀。這些不是在工作「之前」就存在，都是要到「後來」才明白。

由周遭他人判斷「你的能力」

當你說「這份工作不適合我」時，事實上關係到能力、興趣、價值觀這三方面；另一方面，當公司的上司或同事說「這份工作不適合你」時，絕大部分的因素是能力。對公司而言，你對這份工作究竟有沒有興趣、與你的價值觀合不合，其實一點關係也沒有；但能力卻非如此，你能不能勝任這份工作，關係到公司的業績。

所謂「自己的能力」並不是自己腦海中模模糊糊感覺的「自己的能力」，也不是「如果我也能做到就好了～」這種想像中的能力。事實上是周遭的人所判斷的「你的能力」。必須以「你的能力」（客觀的評價）為基礎，把握「自己的能力」（主觀的評價）。

想正確地知道自己的能力相當困難。如果評價過高很容易落空，評價過低會失去鬥志。

NO.25

聽到別人說的話，如果覺得「這傢伙還不如我呢」，對方可能跟你差不多。因為每個人多少都有些自戀。當你想著「他跟我差不多吧」，對方已經占了上風，你感佩著「這傢伙的確比我強」的時候，已經形成相當差距。

古今亭志生，《以貧窮自豪》（筑摩文庫）

不論做什麼事，有自信很重要。如果具備相當自信，就能表現出好成績。缺乏自信則會降低成功的可能性。要是連些許的自信都沒有，就跨不出開始的第一步。

不過自信有兩種。一種是根據過去的表現與經驗得來的自信，另一種是與過去表現與經驗無關的自信。

藉著輕蔑他人維持自尊

有些人可能會疑惑「我明明沒有實際成果與經驗，為什麼會有自信呢，這會不會是錯覺？」事實的確如此。不過，這不能說是錯覺。其中含有看輕他人以提升自己相對位置的微妙心態。這種自信叫作「**假想的能力感**」。（摘自速水敏彥，《輕蔑他人的年輕人們》，講談社現代新書）

抱持「假想的能力感」的人，其實缺乏「自己辛苦處理事情的經驗」，換句話說，也就是輕視努力。

因為實際上沒努力過，所以不論做什麼都會失敗，也無法持續。結果無法從經驗累積自信，由於無法從經驗獲得能力感，只好產生假想的能力感。也因為缺乏在反覆失敗中處理事情的經驗，會採取寬以律己，嚴以待人的態度。對於他人的失敗嚴加批評，藉由看輕他人提高自己的相對位置，維持自尊，形成惡性循環。

如果想擁有真正的自我肯定，究竟該怎麼做呢？要投入具體的人際關係，融和主觀與客觀的評價。不匿名要以真名，以真實而非虛擬，認真地投入某件事累積經驗。接下來就會感嘆「人外有人，天外有天」，感受到挫折。「這個人好厲害，實在比不上他！」，產生競爭意識「我不想輸給這傢伙」，並萌生「如果是這種程度我也會」的自信。除了像這樣花時間下功夫，別無他法。

NO.26

我曾告訴決定就業的學生：「在最初三年，就算只是為了買自己想買的東西而工作，出於這麼簡單的動機也沒關係。」（中略）

聽到專門研究職業的我說出這種話，有些人立刻皺起眉頭。可是，與其過於認真思考工作而畏怯，不如先工作賺錢，買得起想買的東西，把這種理所當然的事情列為出社會對未來構想的一部分，當作展開職涯的起點。各位不覺得這樣比較有意義，而且更能產生鼓勵效果嗎？

金井壽宏（經營學家）

金井壽宏、高橋俊介，《職業常識的謊言》（朝日新聞社）

剛開始只為「買得起想買的東西而工作」也沒關係

「我不曉得什麼工作能表現自己的能力、興趣、價值觀。」有些人會這麼說吧。這些人可以像金井所說的「為了買自己想買的東西而工作」，或是「為了存錢而工作」、「為了從父母身旁獨立而就業」——剛開始只是這樣也可以。

事實上自立可分為四種：**經濟上的自立、生活上的自立、社會上的自立、精神上的自立**。

所謂經濟上的自立，就是自己賺取生活所需的費用。生活上的自立是指可以下廚、洗衣、打掃等，自己完成日常瑣事。社會上的自立是指以個人的身分適應自己所屬的團體，維繫與他人的人際關係。精神上的自立則是確立自己的想法，過著在精神上不依賴他人的人生。

能否自立是區別大人與小孩的成熟度指標。尚未自立可說還是小孩，還沒有完全建立自我。由於自我還沒有完全建立，所以對「自己的能力、興趣、價值觀」還不確定，若是如此，可以先試著在用得上自己之處工作。在每天的工作中，持續思考「自己的能力、興趣與價值觀」，經過碰壁、反覆遇到挫折的過程中建立自我——這樣才是正途。

第五章
幸福VS成功

No.27-32

NO.27

自從人們將成功與幸福、不成功與不幸視為一體以來，
就無法理解真正的幸福是什麼。
認為自己既不成功也不幸福的人，其實很值得同情。
嫉妒他人幸福的人，多半將幸福與成功劃上等號。
幸福其實因人而異，隨著人格、個人特質而有所不同，
成功是一般的、可量化的事物，
所以成功在本質上容易伴隨著他人的嫉妒。

三木清（哲學家）

《人生論筆記》（新潮文庫）

成功與幸福不同。成功是世間一般的評價，不是從質而是從量上衡量的事物。具體來說，譬如像獲得財富與名聲、社會地位等。相對於此，幸福自始至終都屬於個別的自我認識，不是量而是質的追求。

由於成功與幸福是不同的事物，兩者之間並沒有因果關係。也就是「成功帶來幸福」或「不成功就無法幸福」這樣的想法都是錯誤的。也有即使成功但不幸福，雖然不成功但還是很幸福的人。

NO.28

我們吃了很多苦頭，
往往不是為了讓自己幸福，
而是為了使別人覺得自己看起來很幸福。

拉羅什富科，《拉羅什富科箴言集》（岩波文庫）

評價自己的生涯有兩種方法。第一種是根據外界的標準評價，另一種是以自己的標準評價。（高橋俊介，《職業論》，東洋經濟新報社）

外在的基準也就是社會中普遍的標準。報酬或公司的知名度、在公司裡的地位等都屬於這一類。另一方面，內在的基準則是存在於自我中的標準，能否在工作中發揮自己的興趣、能力、價值觀、經驗等。

以外在的基準看工作時，就要提升在職場上的條件。如果能提升自己的資歷與能力就成功，沒進步就失敗。不過，如果也參考內在的基準，就會變成「職涯沒有所謂的高下」，需著眼於「這是不是我所想從事的志業」。外在基準的成功／不成功，還要與內在的基準：幸福／不幸福相呼應。

NO.29

我們都以為只有過得安逸與奢侈，
才能獲得人生的幸福，
其實使人真正獲得幸福的是：能夠專注忘我地處理事情。

查爾斯．金斯萊（牧師）

戴爾．卡內基，《卡內基名言錄》（創元社）

到臨終前都要與社會維持聯繫

這樣說來，擁有能忘我從事的「某件事情」，是幸福最重要的條件。就像金斯萊牧師所說，在忘我地投入工作時，內心會覺得非常充實。這種狀態就是真正的幸福。在拋開一切時內心會變得飽滿，這點很有趣。

實際上大多數的日本男性都想持續工作到體力的極限為止。根據內閣府「平成十八年度／高齡者經濟生活相關意識調查」統計調查，詢問五十五歲以上的男女預計退休的年齡，得到的答案包括「希望能一直工作下去」（41.1％）、「七十六歲以上」（1.7％）、「七十五歲左右」（6.8％）、「七十歲左右」（15.8％）、「六十五歲左右」（25.6％）、「六十歲」（7.6％）。工作意願遠超過歐美，大部分的歐美人士覺得「可以的話希望早點退休」。

日本男性大多數希望「工作得越久越好」，除了為賺取生活費之外，也透露到臨終前都想與社會維持聯繫的意願。

人類的存在具有社會性。藉由為他人做些事情，得到回饋——透過這些回饋，人才能確認自身的存在。人無法自行肯定自己的存在，就像無法用自己的眼睛看到自己。人看自己需要鏡子，為了確認自己的存在，我們需要其他人。

工作會為人生帶來「固定的軌道」。工作後生活會產生節奏，「固定的軌道」或節奏會給肉體與精神帶來活力。肉體或精神只要開始荒廢，很快就會鈍化、腐朽。

NO.30

沒有熱情、沒有工作、沒有樂趣、精神也不集中，完全處於休息狀態，對人來說是難以忍受的事情。這時，人會感覺到自己的虛無、覺得被遺棄、深感到自己的不足、無力、空虛。很快地，從靈魂深處就會湧現無聊、憂傷、悲哀、煩惱、怨懟、絕望。

巴斯卡，《思想錄》（中公文庫）

許多人想過免於不安的生活，並且把遠離不安視為幸福的生活。不過，這樣正確嗎？

譬如——請試想完全無虞的生活。憑藉著某種權勢，從出生到死亡，生活完全受到保障，但卻受到控制——如此一來，我們對將來的事完全不必煩憂，也不會不安。可是，這樣真的是幸福生活嗎？

NO.31

充滿希望地旅行，比到達目的地更好。

史蒂文生（作家）

不安與希望原本就是關係深厚的字彙。當投入新環境、規劃將來的人生時，每個人都會感到不安，但同時也抱持著希望。但如果完全沒有不安，也就完全不會有希望，兩者都是在提到無法預測的未來時會使用的語彙。

沒有必要完全掌握未來。倘若朝著已經可預測的未來前進，既不有趣也沒意思；正因為未來不可知，所以人有生存的鬥志。

不安與希望的前提是，某處隱藏著自由。正因為自由，所以感受到不安。同時也因為自由，所以懷抱著希望。如果追求自由，就一定要忍受不安。若想抱持希望，也必須接受不安。

幸福不是點而是線

幾乎所有的問題都會回歸到「為了獲得幸福」。「為什麼要上大學？」「當然希望有大學畢業的學歷……」「為什麼想取得大學文憑？」「因為想進好公司」「為什麼想進好公司？」——這一連串問與答，可以用「因為想獲得幸福」總結。

不過——「想獲得幸福」這句話，聽起來總有些違和感。

所謂「希望獲得幸福」，反過來說，也就是自覺「現在的狀態不幸福」，「我想儘快脫離目前不幸福的狀態，變得幸福」。當我們說「想獲得幸福時」，是否將幸福與成功混為一談呢？

正確的說法應該是「我想維持幸福」，而不是「想變得幸福」吧。

幸福或許不是未來的一個點，而是朝向未來的一條線。許多智者都曾說過，真正的幸福不是刻意追求而來，而是種重視「當下」「此地」「這件事」而活的狀態。

NO.32

所謂幸福這種東西，就像海市蜃樓般虛幻。（中略）但是不論何時何地，想要立即變幸福的方法，就是經常體會幸福感。這其實很簡單。也就是不論面對什麼，都能從自己內心或周遭，找出值得感謝的事物。

美輪明宏，《啊啊正負的法則》（巴爾可出版）

第六章
工作VS勞動

No.33-37

NO.33

人必須透過生產才能產生關聯。
消費使人陷入孤獨。

福田恆存（劇作家、文藝評論家）

〈論消費潮流〉《福田恆存全集第五冊》（文藝春秋）

消費活動比不上生產活動

福田恆存以過去妻子為丈夫準備衣服為例說明。「妻子藉由為丈夫縫製衣服形成依附關係。這樣對妻子會造成什麼損失嗎？其實不會。丈夫也因為穿著衣物而與妻子產生關聯。然而依照現在的思考方式，製造者受到剝削，穿著的人占了便宜，也就是以消費為目的、生產是手段。」

透過生產活動產生聯繫，跟透過消費活動形成聯繫相比，前者比較豐富。這意味著拉近與他者的距離，彼此不是單向的關係而是雙向的，而且這種關係並非一時，會持續下去。

就距離感、相互性、持續性來看，消費活動比不上生產活動。消費活動產生的頂多是「往來」，但生產活動有時也包含「衝突」，達到「真正的認識」。**從事生產活動的主要目的，就是與他人維持聯繫。**

我曾訪問過一些退休後開始務農的男性。在我印象中，許多人大約三年就厭倦了；超過三年還能持續的，多半擅長與周遭的人相處。

人與人互相往來，有時候要拜託別人，有時受人請託；主動找人商量，也有人會來討論。這樣的人際關係會令人產生鬥志，我心想：原來如此。的確，通常想做一件事的動力，多半來自於他人。

仔細想想，人很少能純粹地自動自發。為什麼呢？因為即使是所謂的主動，也只是受到某種動機影響的結果罷了。因此我們不可能純粹地主動做些什麼，在主動的同時，其實還是有某種程度的被動。這就是人為什麼要互相依靠的原因。

NO.34

人如果希望幸福，
首先最好找到正當的工作。
通常失敗的人生多半是因為這個人完全不工作，
或是工作量太少，甚至缺乏正當工作，
這就是最根本的原因。

卡爾．希爾逖（哲學家）
《幸福論（第一冊）》（岩波文庫）

「人要是想獲得幸福，首先最好找到正當的工作」這是正確的主張。也就是說，幸福論等於工作論。不過，世界上也有人認為幸福論與工作論之間沒有關係。甚至也有人說「不必工作正是最幸福的人生」，這樣的人恐怕是將工作視為勞動吧。

勞動跟工作的差別是什麼？我這樣認為：

當工作只是賺取金錢的手段，那就是勞動。在這樣的情況下，工作時間最好越短越好。所以工作時想著「趕快度過這段時間！」這時，身體雖然在這裡，心卻不在。因為心跟身體是分離的，所以工作時覺得時間不屬於自己。

當工作不只是賺錢的手段時，工作本身就包含喜悅、生存的意義、自己人生的目的。在這種情形下，不會注意到時間的流逝，只專注在當下。由於身心相連，工作時仍覺得時間屬於自己。

NO.35

關於踢足球的煩惱，並不是出去玩就可以消解的喔。足球的煩惱只能透過足球來解決。而且關鍵不在於練習量的多寡，是在練習時試著感覺如何把握機會。

小野伸二，節錄自《Number vol.476》（一九九九年八月二十一日發行，文藝春秋）

NO.36

人在真正瞭解工作的意義前，會尋求從不適合的工作解脫，追求與工作相反的娛樂。如果能等待得更久，或是長期忍耐，真正的工作將屬於自己。而且工作中不可能有相反的事物存在。就像世界、神、生意盎然的靈魂不會有相反的事物存在，也應該會產生這樣的見解。

為什麼呢？因為工作就是一切。而且世界上沒有與工作無關的事情，不論在哪都一樣。

里爾克（詩人），《里爾克語錄》（彌生書房）

勞動與娛樂、工作與休息

與娛樂相反的不是工作，與娛樂相反的是勞動。最好把「勞動與娛樂」、「工作與休息」視為一組。不過即使分別被歸類為一組，兩者的關係卻大不相同。

勞動與娛樂是對立的。兩者對個人來說完全是分離的狀態。勞動最好不用去做，時間越短越好，另一方面，娛樂的時間越長越好。儘管如此，娛樂也有時間過長就會厭倦的特徵。也就是說，勞動與娛樂都有被動與接受的特質。

相對於此，工作與休息並不對立。這裡所說的工作並不是狹義的工作，而是廣義的工作。包括當志工、做家事、玩樂在內，人大部分的自主活動都可算是工作。

休息是工作中斷的時間，工作之間的空檔。完全在廣義的工作狀態之外，所以永遠的休息對人來說是種折磨。手邊有很多工作要做的人，才能真正享受休息。而無事可做的人，內心深處反而無法真正休息。

NO.37

究竟，把一個人的整體生活劃分為職場生活與私生活，並因為職場生活無趣，想從私生活尋求補償的機制是如何形成的呢？其實只要職場生活過得充實滿足，我們在私生活自然就會獲得喜悅與安息。這兩者其實互相連續，構成「同一個生活」。藉由將兩者分開，它們也相輔相成。

土光敏夫（前經團連榮譽會長）

《經營的行動方針》（產業能率大學出版部）

職場生活不是滿足私生活的手段，職場生活與私生活都是我們「生命」的一部分，無可替代的人生片段之一。有些人將職場生活視為支援私生活的手段，其實是將職場生活當成一種勞動，而不會這樣想的人則是在職場上從事真正的「工作」。

我認為勞動與工作之所以有差異，「跟勞動者所希望的工作與公司，有很大的關聯」。

工作是賺取金錢的手段嗎？

如果你認為「工作只不過是獲得薪水的手段，公司只是賺錢的場所」，也一定覺得公司的經營者想著「公司只不過是賺錢的裝置，員工也只是賺錢的工具」。如果你認為工作對於自己是一種手段，自己對於公司是種工具，你跟公司對於「如何有效率地賺錢」的想法會一致。由於在這點形成共識，工作的優先事項就是有效地讓工作進行。這麼一來，對公司而言，你只是一筆人事費用。成本當然是越低越好，作為工具的你如果耗損了，只要再僱新的員工就好。這樣的理論完全成立。

另一方面，如果你認為「工作不只是賺錢的手段，公司也不只是獲利的場所」，就不覺得公司會想著「公司只是賺錢的裝置，員工只是賺錢的工具」。雖然「如何效率良好地賺錢」還是很重要，但卻不是唯一的價值標準。如此一來，你對公司就不只意謂著人事成本，有可能成為無可替代的人才。

員工究竟只是成本，還是人才？而你所服務的公司經營者，或是你接下來將任職的公司經營者，對於人又是如何思考呢？接下來也要請你問自己：**工作只是賺錢的手段嗎？公司只是賺錢的場所嗎？**

第七章
迷惘的力量、決斷的力量

No.38-47

NO.38

迷路之後才會找到道路。

斯瓦希里諺語

二十幾歲時感到迷惘也無妨

二十到三十歲之間，正是反覆經歷各種錯誤的嘗試、尋找適合自己道路的十年。

俗話說「失敗為成功之母」。這不只意謂著「沒有失敗就沒有成功」，也可以解釋為「沒有經過失敗的成功，或許是往後將遇到重大失敗的預兆」。人從失敗可以學到很多東西，但是從成功卻幾乎學不到什麼。

很多事當時或許覺得無用，後來仔細一想，往往覺得「不會沒用啊！」。在二十幾歲時究竟會做多少無用的事，因人而異。在往後的時代，工作不一定強調專一，職涯也將面臨多樣性。因此，自己能力的「抽屜」數量越多越安心。

年齡增長也意謂著要將自己的可能性漸漸集中。這決不意味著明白自己的可能性有限，而是意味著將自己的能量集中，專注於某一目標。試著把二十幾歲當成對目標下工夫的時期，三十幾歲時，就是以過去的累積為基礎，開始「自立」的年紀。二十幾歲可說是專注於某個目標，開始發展某件事的時期。

NO.39

我喜歡走在自己道路上卻迷路的小孩或青年，勝過正確走在他人道路上的人。前者憑藉自己的力量與他人的指導，找出適合自己特質的正確道路，決不是偏離道路。相反地，後者隨時會面臨他人給予的軛掉落、身陷無限制自由的危險。

歌德《歌德格言集》（新潮文庫）

「走在他人道路上的人」究竟是什麼樣的人呢？也就是沒有自己選擇道路的人。由他人代為決定自己的前途，或是根據「跟大家一樣就好」的判斷，選擇道路的人。像這樣的人即使現階段看起來走得很順，卻多半隱藏著一旦遇到什麼危機就會崩解的危險。

重點是如果沒經過「邊走邊迷路」的過程，就無法「走在正確的道路上」。為什麼呢？因為在出發時，幾乎不可能「清楚自己想做的事情」，都是在途中察覺「我想做的可能是這個！」，最後到了目的地才明白「原來我想做的是這個啊！」，除此之外別無他法。

NO.40

什麼都不做就不會迷路，
但什麼都不做會變成石頭喔。

阿久悠（作詞家）

以我自己為例，大學畢業找工作、辭去工作重新插班考入大學三年級、還有轉職時，都沒有跟父母商量，全都是事後才報備。想到只要一提大概都是反對意見，所以我的確沒講。現在回想起來，多少覺得「如果當時有跟他們討論就好了啊～」不過這大概就是我自己的作風吧。

一般來說，關於選擇工作或公司，還是跟父母好好溝通比較好，他們畢竟是人生的前輩。雖然沒必要完全遵照他們的意見，不過還是會聽到可供參考的想法。

在討論的過程，包括要選擇什麼樣的公司、什麼樣的職務、在什麼地區工作，你跟父母的意見應該會有許多分歧吧。在這個時候，不要著眼於表面上的意見不合，要找出意見背後隱藏的真正意思與價值觀。

NO.41

我就算嘴都裂了也不會輕言放棄。
因為我在年輕時就已為自己的夢賭上全部心力。
要是能抱持勇氣飛翔多好。
還是看父母臉色就業，選擇安定呢？
不過，這是年輕人自己的人生。
你覺得這算是能聲稱「我真正地活著！」的人生嗎？
根本不是吧。這只是摹寫父母的人生吧。
這樣的人生要負什麼責任嗎？
決不是年輕人自己真正的人生。
屬於自己生存的理由，決不能輕易地交給別人。
（中略）
即使失敗也沒什麼不好，別害怕不成功。
世界上大多數的人都不成功，這很普通。

如果以百分比來算，大概不成功的人占99%以上吧。
但是，經過挑戰後卻不成功，與避開挑戰所以不成功的人，
兩者有著天壤之別。
挑戰不成功而後再度挑戰的人，將會展現新的光芒，
但避開挑戰的人會直接萎縮，不會再展開新的人生。
頂多只能過著隨波逐流的日子，度過空虛的人生吧。

岡本太郎（藝術家）

《自己身上帶著毒》（青春出版社）

譬如有位在西日本某地度過大學生活的女性。她在大學畢業後，想去大阪工作，因此跟父母討論未來。

「我畢業後想去大阪的貿易公司上班。」

「什麼？我絕對不答應！」

「在都市中生活很花錢吧？如果留在這裡考公務員呢？」

「我不想當公務員啦。」

「絕對不行！又不是為了去大阪上班才讓你讀大學的。」

「不只是老爸反對，媽媽也覺得不妥。」

「我自己的人生應該由我決定啊。」——沉重的氣氛籠罩著客廳。

這時最好巧妙地問出父母反對的原因，通常父母反對的理由多半是「你搬走了我會覺得寂寞」而已。另外，母親反對的理由可能是「在都市生活開銷很大，女孩子一個人住也令人擔心」。

如果問題只是這樣，其實不難解決。可以告訴父母，「爸，我每兩個月一定會回家一趟」、「媽，住在公司宿舍一點都不危險，而且也不會花太多錢喔」。如果再向父母解釋「為什麼想在這家公司工作」、「進公司後想從事什麼樣的職務」，說不定會聽到父母說「老爸支持你喔」、「媽媽也贊成」，因而覺得更安心。

當然，有時候問題出在更根本的觀念不同。即使是親子，但仍是獨立的個體，想法不同也很正常。而出生年代不同，隨著時代不同，價值觀也不一樣。遇到這種情形，展現出雙方不同的人生觀也無妨。就算重覆爭執「你根本還沒見識過什麼社會，沒那麼簡單啦！」「這我當然知道。可是，與其連試都沒試而不甘心，我寧可試過以後再後悔！」「別講得好像你很懂似的！」，這些爭執將來都可能成為美好的回憶。

NO.42

你們的時間是有限的。
所以沒有多餘的時間為別人而活，
或是平白無故浪費。
不要讓其他各式各樣的意見與雜音，
消弭了自己內在的聲音、心與直覺。
所謂內在的聲音、心與直覺，
會告訴你自己真正想成為什麼，
其實你在很久以前就知道了。
所以除此之外，其他的都可以放在其次。

史蒂夫·賈伯斯（節錄自二〇〇五年六月於史丹佛大學畢業典禮致辭）

NO.43

真正的方法只有三種。
正確的方法。錯誤的方法。以及我自己的方法。

馬丁・史柯西斯，《賭城風雲》（電影）

NO.44

未來不是偶然。未來某種程度是由現在的勇氣，以及對事物正確的選擇所決定。

當然，未來的確受到所謂命運的影響。但人沒有任憑命運擺布的道理。難道不是在屬於自己的命運中，承受著所謂的命運，正確地選擇自己所希望的方向，才活得像個真正的人嗎？

福永武彥（小說家）

《風土》（新潮文庫）

有句話說「與其沒做而後悔，不如試過才後悔。」《自我評價法——與自己好好相處的心理學》（克里斯多夫・安德烈著，紀伊國屋書店）書中這樣寫著：

當選擇某項行動，結果不如預期時，人當下會覺得後悔。這時後悔的感覺很現實、強烈。但這種後悔的情感，會隨著時間漸漸轉淡。

相反地，如果沒有選擇想做的事情，隨著時間過去，「當時要是那麼做就好了。為什麼我沒有行動呢？如果當時試過了，我的人生又會變得如何呢？」這樣的想法會越來越明顯。這種後悔是假設的，並不激烈。但在心中會漸漸累積。

上述這段話我大致都明白。不過，還有一點我不太確定。因此我試著查辭典，看「後悔」的意思。根據《新明解國語辭典》，後悔就是：「到後來回顧自己所做的事，覺得自己怎麼會那麼愚蠢，或是為自己考慮不周感到心有不甘。」

「與其沒做而後悔，不如試過才後悔」這句話對我而言有種違和感，可解釋如下：如果是真正想做的事，也實際嘗試過了，結果無論如何應該都不會後悔吧？即使沒有得到預期的結果，只要下次再行動就好。後悔不後悔，不是取決於結果，而是過程吧？

美國的心理學者汀克萊傑對於人做出最佳決定的順序解釋如下（節錄自日本人力資源《人材諮商養成講座教材五》）：

①徹底明白要決定什麼。

②蒐集必要的資訊。

③試著列舉出選擇。

④試著列出合乎選擇標準（自己的價值觀）的項目，評斷重要程度。

⑤以④為基準，從選項中擇一選擇。

⑥行動。

⑦檢討得到的結果。

——像這樣有系統地或階段性逐步決定，我想只要照這個順序，應該不會後悔。

反過來說，如果沒有蒐集足夠的資訊，自身的視野狹窄，提不出多種選項，選擇的標準——也就是自己的價值觀或最想做的事還不明確，就會無法做出選擇。隨著外界的狀況動搖，或是聽從他人建議、沒有任何行動、或即使行動但卻不夠努力，對於後來的結果既不檢討，也不行動——會感到後悔的，應該這些事吧？

抱持著因應變化的餘裕

寫了這麼多，總而言之，要自己思考、自己決定。這也是為了活得像自己不可或缺的要素。

無法自己決定職業與公司的人，可分為兩種類型。第一種是不會做決定的人。這種類型的人可參考前述「做出最佳決定的順序」，試著加以實行。

另一種是害怕做決定的人。對於這類型的人，我想送給他們「積極的不確定性（Positive Uncertainty）」與「探索的決定（Investigatory Decision）」這兩個關鍵字（渡邊三枝子編輯，《職涯心理學》，Nakanishiya出版）。關於這兩個詞彙，我自己解釋如下：

不論多理性的決定，還是有其限度。為什麼呢？首先我們不可能蒐集世界上所有的資訊，另外，所蒐集資訊的客觀程度也令人懷疑。說來畢竟也只是主觀的訊息，而且資訊也是瞬息萬變，再加上我們對自己的事情也不可能完全瞭解。

關於職務或公司的資訊也不完整。由於對自己也不夠瞭解，決定時經常也包含了不確定的要素。而且不只這樣，未來究竟會遇到什麼，誰也不知道。未來無法預料。所以究竟該怎麼辦呢？

要心悅誠服地接受不完全與不確定性。對於不完全與不確定性不要畏懼，相反地要抱持著從容面對的餘裕。在戲劇中除了必然性，也少不了偶然性。沒有突發事件的戲劇會很無趣。

要明白所有的決定都只是暫時的決定，不是最後的決定。所以就下決定吧。**你的未來是從決定這一刻開始**。接下來繼續前進。如果錯了再修正就好。你有「失敗的自由」。

NO.45

別害怕人生會走到盡頭。
人生一直無法展開才可怕。

葛雷斯．漢森（作家）

NO.46

「我們已經玩完了吧」
「笨蛋，根本還沒開始呢——！」

北野武，《壞孩子的天空》（電影）

NO.47

人無法選擇自己的死法、什麼時候會死。
我們唯一可以決定的，就是怎樣活著。

瓊・拜雅（歌手）

第八章
挑戰力、持續力、適應力

No.48-62

NO.48

冉求曰：「非不說子之道，力不足也。」

子曰：「力不足者，中道而廢，今女畫。」

孔子（思想家）

《論語・雍也篇》（岩波文庫）

孔子的弟子冉求說：「並不是我不喜歡老師所講的道理，實在是我的能力不足啊。」於是孔子說：「有些人嘗試過後，因為能力不足只好半途放棄。可是你已經先劃定了自己能力的界限，連試都沒試。」這段話應該是表達這樣的意思。

某件事是「自己想做的事情」，如果自己能達成，不管別人怎麼說，都會迅速完成吧。但即使是自己想做的事，如果能力稍嫌不足，就會感到遲疑。以下分成兩種類型。

第一種是什麼都不做的人。「我能力不足」——所以不敢開始。這兩者有因果關係。有人不敢跳進游泳池，不但不敢跳，連水都不敢碰。這麼一來，究竟是不是能力不足也不曉得，甚至連差距有多大也不清楚。

第二種是不管怎樣先開始再說的人。「我能力不足」——但是會開始嘗試。於是發生轉折。這個人先跳進泳池再說。當然，他游不到25公尺，一下子就遇到挫折。這種挫折很重要，只有經歷過這種挫折，才有資格說「我能力不足」。藉由挫折，才能證明自己真的實力不足。

最重要的是瞭解「自己的能力差距多少」。這麼一來，人就會去思考：「我的能力究竟有多不足呢？」究竟是體力不足、不會換氣、太過慌張、過於用力、打水時膝蓋彎曲等，開始思考如何補足「不足的能力」。

而且，世界上有很多人都這樣掙扎、吃了很多苦頭。其中也有人會得到建議「這邊再加強一點就可以了」，只要努力嘗試，一定會有人提供支援。

「我能力不足，所以沒辦法開始」這樣的想法完全錯誤，而「我能力不足，但願意嘗試」的思考也不完全正確。正確的想法應該是「**我能力不足，正因為如此，我要試著去做**」。

能力不是上天給予的禮物，能力要由自己累積建立。所以不能自己侷限在自己的框架中。不可以什麼事都沒做，就輕易說「這超出我的能力範圍」，能力範圍不是用想的，而是實際行動後自己的感受。

NO.49

我常聽到有人不爭氣地說：這就是我的極限了。
什麼極限、極限……經常把這兩字掛在嘴邊，簡直當成口頭禪了。
我認為世界上根本沒有「極限」這個詞。
既然「極限」說得出來，也就做得到。
為什麼非要在自己與「極限」之間劃下一線之隔？

因為執著於原本不存在的「極限」，懷疑自己的能力，
遇到挫折、做不好的時候，
就想著「啊，這就是我的極限了。不行了！」
於是放棄了。

安東尼歐．豬木，《從痛苦中站起》（三木書房）

NO.50

不可能是神決定的。
但是只有人的意志才能將不可能化為可能。

吉姆．亞伯特（前美國職棒大聯盟選手）

吉姆．亞伯特是少了右手掌的先天殘障，但卻持續打棒球當投手。他曾是一九八八年漢城奧運美國代表隊選手，並獲得金牌。一九八九年加入大聯盟，曾效力於洛杉磯天使隊、紐約洋基隊、芝加哥白襪隊、密爾瓦基釀酒人隊等球隊。一九九三年在與克里夫蘭印地安人隊的賽事中投出無安打比賽，以八十七勝一〇八敗，防禦率4.25的生涯記錄退休。他的話語充滿了力量。

NO.51

如果繼續走這條路，究竟會如何呢？
不可能全無風險，也沒有完全平順的坦途。
只要踏出一步，這一步就是你的道路，不要猶豫向前走吧。
走出去，自然會明白。

一休宗純（禪僧）

當我們要移動地板上的重物，移動瞬間需要相當的力量，不過一旦開始移動以後，就不需要那麼大的力氣。因為靜止摩擦力（在推動靜止物體時產生的摩擦力）遠大於運動摩擦力（物體運動時產生的摩擦力）。

人的情形也是一樣。自己想讓自己動起來的時候，在一瞬間很費力，只要一旦開始行動，就不需要費太大力氣。一開始不要把事情想得太難，最好想著「開始吧！」直接進行。

NO.52

做一件事，有時難免有出錯的時候。但如果什麼都不做，永遠都是錯的。

羅曼・羅蘭（作家）

NO.53

失敗勝過什麼事都沒做。

大杉榮（社會運動家）

「請慢慢嘗試」

我曾和美國人一起參與過網球賽。令人感到新奇的是，截擊失敗時觀眾所發出的話語。在日本，觀賽者會說「Don't mind」，但美國人卻說「Nice try」，而且臉上掛著笑容。

截擊是在網前不等球落地直接回擊，比球彈起後再擊回時間更匆促，而且剛打過來的球又更強勁，如果沒掌控好就會失敗。但相對地，在球網附近如果擊出有角度且強勁的球，得分的機率也比較高。雖然失敗可能會失分，但成功的話得分機率也比較高。所以是種積極的球技。

我們試著來比較「Don't mind」與「Nice try」。「Don't mind」在英文中一樣是「別在意」、「不要擔心」的意思。一般來說是「別把失敗放在心上」。這種說法對於挑戰過的事情不表示評價，但顯然對於同樣再試一次，多少還是有點畏怯。

「Nice try」如果直譯成「很好的嘗試」有些奇怪，若是長一點的意譯，應該是「結果還是失敗了。但是嘗試過了很好。不要介意一兩次的失敗。因為有挑戰所以才會失敗，要是根本沒試過就無所謂失敗。如果連試都不試，就不會進步。所以請慢慢地嘗試。不過，不要重覆同樣的失敗，最好想想失敗的原因吧」。

NO.54

運氣是在嘗試的過程中漸漸降臨。
每次都是在喘不過氣來的時候有轉機出現，
當球來的時候，
如果不全力以赴，不可能把球打好。

所以想讓偶然接近必然，
取決於一試再試的次數。
只有扎實地持續下去。

中山雅史，節錄自《Number vol.625》（二〇〇五年四月二十一日發行，文藝春秋）

NO.55

在我職業籃球生涯中，有超過九千球沒投進，
輸了近三千場球賽，
有二十六次，我被託付執行最後一擊的致勝球，而我卻失手了，
我的生命中充滿了一次又一次的失敗，
正因如此，我成功。

麥可．喬丹（NIKE電視廣告，譯文引自維基語錄 http://zh.wikiquote.org/zh-tw/%E9%BA%A5%E5%8F%AF%C2%B7%E5%96%AC%E4%B8%B9）

NO.56

有些人雖然不靈巧，卻能成為一流人物，其中一定有道理。不靈巧的人做起事來會比靈巧的人更辛苦，所以會有自己獨到的工夫與哲學。這不是與生俱來的，所以必須加強自己的能力。靈巧的人往往下的工夫不夠深，也少了些扎實的努力，在短時間雖然一時占上風，但如果長期比較，最後一定是不靈巧的人會贏。

野村克也（前日本職棒總教練）

《Number vol.594》（二〇〇四年二月五日發行，文藝春秋）

笨拙的人能勝任工作

一般的想法是：反應靈敏的人能勝任工作，笨拙的人無法勝任。但也不能這麼一概而論。在運動、藝術、一般工作的領域，往往有很多相反的例子。

靈敏的人學得快。不論做什麼都能迅速達成，所以不必下什麼工夫或努力。由於缺乏下苦功或努力，於是停留在一開始的狀態，進步不大。而且，學得快也意謂著忘得快。

另一方面，不靈敏的人學得慢。一開始很遲緩，所以覺得「這樣下去可不行！」，於是非常努力，自我鍛鍊。由於持續努力，得以漸漸地增強能力。透過努力與下工夫得來的能力很難忘記。學得慢，忘得也慢。

另外還有一點，不靈敏的人比靈敏的人更擅於教別人。靈敏的人往往在不明究理的狀況成為第一個達成的人，所以不像後者能教授練習方法與訣竅。另一方面，不靈敏的人吃過很多苦頭，也試過各種方法克服，所以擅長教其他不會的人。

NO.57

聽明的人洞察力強，會看到種種未來前途的難關。很容易覺得自己也會遇到這些難題，因此很容易失去前進的勇氣。不聽明的人對於前途一片茫然，因此比較樂觀。即使遇到難關，也會想辦法脫困前進，因為完全無法解決的難關畢竟很罕見。

寺田寅彥〈科學家與頭腦〉
《寺田寅彥全集第五冊》（岩波書店）

要從事好工作，當然是腦筋好的人能勝任，這個道理大家都明白。但是另一方面，不聰明的人也適合從事好工作，這句話某種意義來說確實有道理。究竟怎麼回事呢？

腦筋好的人想得遠，容易察覺將來會遇到種種「障礙物」，缺乏前進的勇氣。寺田寅彥在同一本書上寫著：「聰明人適合當評論家，但不適合當行動者」。相反地，腦筋不好的人不會想太多，往往看不到「障礙物」，所以能悠哉地向前走。就算路上遇到障礙物，反正也不是什麼克服不了的障礙，總會想辦法解決前進。

而且還有另一項原因。聰明人領悟力佳，領悟力好的人很容易全盤接受所謂的常識或前提。相反地，不夠聰明的人領悟力不佳，領悟力不好的人，不會完全接受所謂的常識或前提。

有正確答案的問題，似乎適合由聰明人解決。但是如果要探討公司或社會的方向，也就是面對沒有正確解答的問題，倒適合不聰明的人。因為一定要有人對大家都覺得理所當然的常識、沒人會去懷疑的大前提存疑。

NO.58

每天都要書寫。要像天狗屋的老爺爺那樣，每天書寫。能寫的時候要寫，寫不出來的時候也不可以隨便說要休息。即使覺得寫不出來，還是要坐在書桌前。

這麼一來，就算剛剛還覺得今天一個字也寫不出來，漸漸地就會覺得好像找到方向了，真不可思議。書寫本身還是其次，最重要的是坐在書桌前。就坐、握筆、開始寫字，維持這個姿勢很重要。

要欺騙自己。心裡想著：我寫得出來。

宇野千代（作家）

《幸福會召喚幸福》（集英社文庫）

讓身體養成習慣

所謂天狗屋的老爺爺，是作家宇野千代過去在日本四國的德島遇見的人偶師傅久吉。當時久吉已超過八十歲，整天坐在他當作工作坊的走廊，辛勤地用鑿子刻木頭。「我從十六歲開始，每天都像這樣刻木頭。」久吉這麼說。

為了完成工作，必須要有能力。但能力從何而來？既不是從外界而來，也不是上天所給予，要靠自己獲得。那麼，要如何獲得能力呢？當然是透過努力獲得。是什麼樣的努力呢？也就是每天持續地累積。

俄國文豪托爾斯泰也曾寫過同樣的話：不論想寫或不想寫，別多說什麼，就坐在書桌前。如果換成現代，就是坐在電腦前。就算一個字也寫不出來，總之坐在電腦前很重要。

關於結束一天的工作也有秘訣。不必等到徹底告一段落才收工，可以稍微預留一點。如此一來，第二天就能順利地展開工作，省下重新進入狀況的力氣也很重要。工作究竟該如何開始與結束——對於各種工作都是共通的。

總而言之，想持續某件事，最簡單的方法就是養成習慣。最好列入每天的計劃，讓身體習慣整個過程，甚至少了就覺得不對勁。

NO.59

所謂的創造性究竟是夢，還是幻想呢——？

其實大部分都屬於幻想。

不過我覺得實際上不是分成

「有創造性的藝人、沒有創造性的藝人」，

而是「沒放棄的傢伙、放棄了的傢伙」。

太田光，《養老孟司／太田光　回答人生的疑問》（NHK出版）

之前，我認識的一位留學生G（三十歲），他辭去工作，在中國學過美術之後，赴日本設計相關大學求學，畢業後進入製作設計公司。工作內容是促銷商品的企劃與設計，從入社到離職也不過才一年多而已。

他離職的理由是「自己負責的都是些無聊的工作，沒機會開發有希望大賣的商品」。

我瞭解他的心情，不過覺得他實在太天真。而且大老遠從中國到日本留學，終於有機會從事設計相關的工作，輕易離職想想未免太可惜。不過我並沒有告訴他這個想法。我只說：「如果有公司會提供有趣的工作，給什麼經驗都沒有的年輕社員，那可不是在栽培員工通往成功之路喔。」

我接著說，不論在什麼公司，做什麼工作，只要用心把無聊的工作變得有趣，就能從中磨練自己的能力、讓實力獲得周遭人的認可，自己也會越來越適應職場——非這麼努力才行。

NO.60

工作很無聊。成功很遙遠。事實上在剛成為上班族時，我所從事的工作沒什麼未來性，無法激發鬥志，甚至就算失敗了也沒有人會責怪。我後來就放棄了。

不過，我很感謝這段經歷。透過無謂的努力，也可以讓無聊的工作變得有趣。當時我想花心思，把說有多無聊就有多無聊、可有可無的工作做到讓人讚嘆。說來或許有些自虐的快感，用心做無趣的工作竟然也會變得很有趣。

所謂無謂的努力，或許會讓人覺得可笑吧，但那決不是無用的。不，更應該說，我的未來正是由當時的無謂所開創的。

有很多人當時都在看著。那些人後來引導我從事新的工作。因此我一再投入無謂的努力，以此為契機，從事更有趣的工作。

沒有比多下工夫與繞遠路更有價值的事。

阿久悠（作詞家），《純淨的厭世》（新潮社）

接受「自己想做的事情」與「公司要求做的事情」的落差

通常，自己的需求（自己想做的事情）與組織的需求（公司要求做的事情）不會完全一致。正如阿久悠所寫的，年輕時尤其如此。其中一定會有落差。如果差距太大，就難以在組織中繼續工作，如果差距還可接受，就只能忍耐。承受落差的能力，也就是所謂的適應力。

自己想做的事在組織中究竟能發揮到什麼程度，取決於旁人對你的客觀評價，以及工作能力、個性累積的信任度。提升自己的信任度，正是在組織中爭取到自己想做的事的捷徑。

NO.61

忍耐是維持希望的手段。

沃韋納爾蓋（哲學家）

NO.62

跟好人為伍像慶典，

與惡人同行是修行，

在困難中持續進行的，才是真正的工作。

小林春，《就算來世是一條蟲—最後的瞽女，小林春口述自傳》（柏樹社）

第九章

成功的探索自我VS
失敗的探索自我

No.63-69

NO.63

永遠找不到「適合自己」的工作。為什麼呢？因為他們說想找「適合自己」的工作，但另一方面，卻也說「不瞭解自己」。也就是說，想透過不瞭解的事物，找出不知道是什麼的東西。哪有找得到的道理呢？一定要體認到，關於自己，不能說「不瞭解」，而是實際上「沒有」所謂的自己。

池田晶子（哲學家）

《思考比知道更重要》（新潮社）

常聽到有人說：我不知道自己要做什麼。

如果以「今天」為單位思考，明確地說出自己想做的事並不困難。譬如想去看電影、想慢跑、想跟朋友喝茶、想吃好吃的東西。不過如果以更長的時間單位考慮，就沒辦法簡單說出。

當我們說「不知道自己想做什麼」時，請把主詞「自己」置換為他人「A」看看。「我不知道A想做什麼」，這句話讀起來合理多了。既然我不是A，當然不曉得A想做什麼。

於是這裡出現疑問。我不知道A想做什麼，這是當然的，但我們究竟能瞭解自己到什麼程度呢？

當我們說「不知道自己想做什麼」時，除了不清楚「想做什麼」，是否連「自己」都不甚瞭解呢？這豈不是藉由不清楚的標準（即自己），想找出未知的事物（即想做的工作）？

池田女士所說的「實際上『沒有』所謂的自己」在第十二章會提及，在這裡請大家先試著想想看「所謂的自己是『不可理解』的」。

NO.64

自己究竟是什麼呢？人跟自己存在著一種關係，這種關係也就是與自己有關的關係。

齊克果，《到死為止的病》（岩波文庫）

自己的存在可解釋為兩種意義。

第一種是自己不屬於實體的概念，而是關係的概念。也就是說，自己的存在不屬於實體，只是某種跟自身以外的他人或某物的關係。換句話說，關係先於存在。正因為跟自身以外的事物有關，所以自己才存在。

那麼，所謂的關係具體來說是什麼？**關係也就是行為**。受到自身以外的某人或某物刺激，於是做出反應——這個過程正代表自己。會對他者產生作用的行為，與他者建立關係的行為——這些行為意謂著我們自己。

NO.65

人不只是以個體的形式生存。
除了透過人與人之間、自己與世界之間，沒有別的生存之道。
我們為了活著，
必須讓「之間」轉換為自己的「存在」。

木村敏，《生命的形式／形式的生命》（青土社）

人無法確認自己的存在，還有一個原因。自己的存在並非固定，而是不停改變。結論就像前面所說的，自己是種流動的過程（根據三上剛史，《後近代社會學》，世界思想社）。所以，自己是難以掌握的。

我們理所當然地使用「自誇」、「自我反省」、「自吹自擂」、「超越自我」等方式表現。仔細想想，這些說法不是很奇怪嗎？誇獎與被誇獎的對象都是自己，反省與被反省的對象也是自己，哄騙與被哄騙的仍是自己，超越與被超越的還是自己，彷彿變成有兩個自己存在。

事實上自己的確由兩個部分構成。**一個是觀看的自己（I），另一個是被觀看的自己。可說是主體的自己與客體的自己**（me）。沒有哪一個才是真正的自己，觀看的自己在下一瞬間可能變成被觀看的自己。自己並不是固定的存在，而是層層重疊，在瞬間流動的過程。

NO.66

如果今天的我跟明天的我幾乎相同，
今天的我只不過是昨天的奴隸。
人的特質並非如此，
而是日新月異具有創造性，超越昨天的自我，
這才是人的本質。

孔多塞侯爵（數學家、哲學家、政治家）

NO.67

所謂活著這件事，
就是每天持續改變自己，
並且再發現自己，
重新找到自己。

阿米埃爾，《關於人生——日記抄》（白水社）

哲學家海德格以「世界上的過客」表現人的存在。人不是固定的存在，而是總是朝向某處的「過客」。自己不是現在完成式，而是以現在完成進行式的姿態存在。如果人一直都維持不變，就會覺得無聊，變得失去活力。

有句話叫「尋找自我」。有時候會用在揶揄的幽默表現，不過也用於帶有正面意義之處。這兩者之間的差異究竟為何？在於如何解讀「尋找自我」的意思。

這句話若從字面上解讀，由於「自我」並不是去哪裡找都可以發現的東西，因此有人會說「不要做什麼『尋找自我』這種沒用的事！」不過，如果解釋為不只是接受目前的自己與所處的環境，努力朝更好的方向改變，就會說「年輕時一定要這樣！探尋自我非常有意義。」

NO.68

某天我的叔父告訴我：
「你呀，看起來就是一付『我就是會一直窩在這裡』的表情，
不過你好像還滿自在的。」
他這麼說。
「我不是非要待在『這種地方』的人。」
我這樣想著，望著自己的腳，
結果發現自己的確正站在「這個地方」，這是事實。
如果不努力，就算換了個地方，
望著自己的立足點，果然還是不變。
如果不想一直待在同樣的地方，
就只能靠自己努力改變。
我認清這一點之後，就能真正思考
「我究竟要如何改變現在的處境呢」。（中略）

於是，現在我不再對自己眼前的工作或環境心懷不滿。
這也是為了不厭惡「現在的自己」。

《跌倒了，要如何站起來？》（大和書房）

「成功的探索自我」有三項要點

為了不陷入「失敗的探索自我」的迷宮，我認為「成功的探索自我」有三項要點。

首先是自始至終都要以現實的自我為出發點。正如阿拉伯格言：「你目前所在的地方就是你的世界。」所說，你現在身處的地方就是你的立足之地，也正是你尋找自我的出發點。

如果想忘掉過去重來，到沒有人認識自己的遙遠地方，以散心或轉換心情為目的出門旅行就好。但是跟「成功的探索自我」沒有直接關聯。

第二點是：**不要封閉自己，要在社會中對外展開自己**。如果將自己封閉起來，跟任何人都沒有關係，就會變成「透明人」，最好以「讓自己的關係更豐富」為策略。

第三點是：**決定適合自己的方向，朝這個方向努力。**自己不是找出來的，而是打造出來的。請注意「找到」與「打造」的差別。這時最重要的是意志與努力，除此之外沒有自己能做的事。

NO.69

賽跑選手都非常辛苦，足球選手也都非常努力，拳擊手也都很拚命。當我們讀書時，書裡的人都在尋求快樂，但卻難以證明。或許人更像在追求痛苦、熱愛痛苦。

艾倫．瓦茨，《幸福論》（集英社文庫）

第十章
探索自我與「探索世界」

No.70-80

NO.70

我想不出人生在世有什麼非做不可的事，不知道該做什麼。我就像佇立在霧中，陷入孤獨的人。（中略）

我感到很焦慮，心想只要手裡有一把錐子，就能試著突破某處，但是既沒有人給我那把錐子，也無法靠自己發現，只能在內心深處思索自己今後究竟該如何，默默過著陰鬱的日子。

夏目漱石（作家）

《我的個人主義》（講談社學術文庫）

在現在這個世界上，我想很多人都會說「不知道自己想做什麼，根本找不出想做的事」。對於這樣的人，應該不會有萬應或輕鬆的打工機會存在。為什麼呢？因為「不知道自己想做什麼」不是現實的問題，而是哲學的問題。

「哲學無法學習，只可能學習將事物哲學化。」正如康德所說，只有反覆行動與思考才有可能找出來。

三十八歲時，我出了本書《在亞洲的休閒中心度過老年》（雙葉社），這是我第一部作品。自己的書能出版當然很開心，我的父母也很高興。當我看到自己的新書放在書店平台，忍不住就綻開笑容。在圖書館的網頁鍵入自己的名字檢索出書名，有種說不出的快感。

我忽然想到與這份喜悅不同層次的事情，那就是「我說不定可以靠寫書過日子」。不是指把寫書當成職業，我沒妄想達到這種境界。我是想或許可以靠別的工作養活自己，一年寫一本書。這就是我表現自己的方法、我的立足之地、我跟這個世界的銜接點。**工作對我來說，就是聯繫世界的通道與我的個人風格。**

專欄作家中野翠對於書寫曾這樣表示：「誇張一點來形容，書寫時，我就像辛勤地削著一根木頭，做成自己要用的手杖，用來支撐自己的枴杖。」（節錄自《幾乎地獄．幾乎天堂》，每日新聞社）

中野所說的「自己用的手杖」就是類似世界觀之類的東西。書寫某個主題的文章，就會從中找到對社會的新看法、形成新世界觀。擁有新世界觀後，過去覺得渾沌的世界，多少會變化為有秩序的世界。以往模糊不清的外界，輪廓也會變得更清晰吧。以我自己為例，說得誇張一點，在書寫時我就像在磨玻璃製作自己的眼鏡——為了看清楚外界而做的眼鏡。

譬如我在書寫《如何建立健全的非營利組織》（NHK出版）的過程中，領悟到以下的世界觀。

回顧人類的歷史，「人類」從自然邊緣化的部分誕生，再從人類共同體邊緣化的部分出現了「個人」。在這段過程中，人類獲得相當的「自由」，但反過來也抱持著相當的剝奪感而活。為什麼呢？因為我們作為人類，少不了與自然的聯繫、與他者的聯繫。接下來的歷史，正是邊緣化的個人要以跟過去不同的方法，以重返自然或共同體為目標。這樣的世界觀，我是透過千葉大學教授廣井良典一的系列著作《定常型社會》、

《重新尋求照顧》、《關懷學——邁向越境照顧》等學習到的。

這種世界觀也成為我的「有色眼鏡」。原本客觀的世界就不可能存在，所以無法認識真實的世界。你如何看世界，世界就會朝你眼中的樣子改變。

自己—他者—世間—社會—日本—世界以這樣的方式連結在一起。所以一旦被問到自己是什麼，就會聯想到「世界究竟是什麼？」的世界觀。因此，尋找自我與探索世界有關。

正確地找尋自我需要世界觀，同時必須擁有自己的手杖或眼鏡。

NO.71

環境形成的同時也就是自我形成，自我形成的同時也就是環境形成。

三木清，《哲學筆記》（新潮文庫）

NO.72

我們是受環境包圍影響的存在。正因為如此，當我們自問是什麼樣的人，也就是在問自己的「內在」是什麼。所謂內在無非就是接受自身環境既存的事物後剩下的部分。自己對自己的疑問，也就是重新審視我們對周遭環境的因應之道，包括與自然、人際關係、社會各方面，亦即自己是什麼樣的人。

河野哲也，《「心」在身體之外》（NHK叢書）

之前，我接到沖繩讀者來電，對方讀過某一本跟工作有關的拙作。在談話中，我得知在沖繩畢業後既不升學也不就業的人很多，就業後一至三年內的離職率也遠高於全日本平均值。

根據日本銀行那霸分行調查，沖繩在二〇〇七年三月畢業的失業人口中，大學畢業生占了27.7％，高中畢業生占17.4％。而大學畢業失業率高於全國兩倍，高中畢業失業率也高於全國三倍。另外，以畢業後三年內的離職率來看，高中畢業約占六成左右（全日本約五成），大學畢業也約占五成（全日本約三成半），這樣推移下來，其中才就業滿一年就離職的人也很多，可說是一項特徵。

其中包含各式各樣的理由。譬如沖繩縣內很少有大企業，大家都想當公務員所以不停考公職的人很多，這些是主要的外部因素。而內部要因則是當事人也強烈傾向於在當地工作，在沖繩當地也受到家族的強大牽制，就算沒工作也不用擔心生活等。

不只為生活而工作……

留在沖繩當地輕鬆過日子，這也是一個選擇。不過要跟父母同住才能過這種生活。由於父母的庇護，才能悠哉過日子，如果父母不能工作了，或是過世了怎麼辦……即使這樣說也沒有太大作用。

既然如此，就只能試著改變想法；從「為了養活自己而工作」的觀點，將重心轉移到「思考自己能為沖繩做什麼，而後投入工作」。**工作不是為了金錢，不是為了自己而是為了他人，可試著轉換為這樣的立場。**身為職場的前輩，或許可對接下來即將找工作的人，告知這樣的想法。

正因為自己居住的區域，才有自己的存在。自己跟自己居住的區域是不可分的，或許該以更遠更深的看法思考職業或生涯。我們生在不會餓死人的社會，如果只以自己的得失或苦樂來思考工作，就不會產生工作的動力。

基於對社會的不同看法，個人對社會的態度也會改變。要是覺得自己的力量對這個社會毫無改變，我們就會飽受無力感折磨。不過，如果把社會想成由人與人交織而成的網目，無力感就會得到緩解，於是湧現出力量。

NO.73

有些人只會抱怨：我會變成這樣都是外在環境造成的。
我不相信這套說法。
在這個世界上表現傑出的人，
都是自己努力尋找理想的環境，
如果找不到的話，
就設法自己創造。

蕭伯納（節錄自偉恩・戴爾，《為自己而活的人生》，三笠書房）

NO.74

如果不能像白百合一樣，即使在潮濕的環境也能純淨、健康地生長，那麼在其他環境中，將變成多麼柔弱的人呢。如果自己不能拯救目前所屬的世界，還能拯救什麼樣的世界呢？最重要的不是思考什麼樣的環境才是必要的，而是每天生活時想著什麼，追求著什麼樣的理想，這才是最重要的。

海倫．凱勒（節錄自《卡內基名言集》，創元社）

即使說到「活著」，也有分成像動物般活著，與像人類活著的差別。前者只是單純地活著，後者活得更有品質。所謂更有品質，就是創造出更好的東西或更好的事情；創造出更好的東西或更好的事情，也就是工作本身。也就是說，活得像人與工作幾乎同義；由此可知，只有透過工作，人才能產生身而為人的意義與價值。

NO.75

活著就好……
說什麼活著就是勝利……
根本就是動物！
我可是人……！
人跟動物是不一樣的……！
決定性的不一樣……！
誰會想著只要活著就好……
只要活著就夠了……
人還有理想啊……！
各位……！
你們應該有各自理想中的男性樣貌……
以及人該有的樣子……
像那樣的目標，

才是你們應該成為的人……

不然……

決鬥吧……！

非決鬥不可……！

因為你們是人……！

難道不是這樣嗎!?

福本伸行，《最強傳說黑澤第三集》（小學館漫畫）

美國的心理學者桑尼・漢森則提倡統合人生計劃（Integrative Life Planning）的概念。

要點是將自己的生涯分為勞動（工作）、學習（正式與非正式的學習）、餘暇（工作以外從事的活動）、愛（家庭與育兒）四種領域。這四項並不是零星地各自存在，而是對個人有意義地統合為一個整體。

接著，漢森認為實現「統合人生計劃」時，有相當重要的六項課題：①尋找能因應全球變化的工作，②對自己的人生「整體上有意義」地提升，③結合家庭與工作，④重視多元性與全面性，⑤探索內在的意義或人生的目的，⑥對應個人的轉機與組織的變革。

如果說漢森的想法有什麼地方對我特別有魅力，那就是觀點不限於尋找適合自己的職業，也關心到區域與國家、全球等與我們相關的問題，為了解決這些問題，找出自己能有所貢獻的工作，而且會抱持著使命感從事工作。

如果只以「適合自己的工作、不適合自己的工作」的觀點思考自己的生涯，會變得很狹隘。假設從事值得嘗試的工作，就算不適合自己，只要盡量適應就可以。就算是不擅長的工作，那也只是現在還不能勝任而已，只要持續努力就能做到。選工作時維持著「舍我其誰」的熱情也很重要。如果缺乏這樣的熱情，就無法從心底湧現鬥志。

NO.76

人究竟是什麼樣的呢？
如果人活著的意義只是睡覺、吃飯，
那就跟野獸一樣，也不過如此罷了。
給予我們思考能力的神，
想必不樂見我們不運用與神類似的理性，
讓頭腦發霉。

莎士比亞，《哈姆雷特》

NO.77

想創造更好的自己，要從創造更好的社會開始，這兩者不能分割。

柳田謙十郎（哲學家）

溝通藝術指導者山田月在《思考的紙張》（講談社）提到，在填寫工作志願時，可以「想從事的職業」×「我的宗旨」×「想實現的世界觀」的公式表現。這是在思考自己生涯時相當有用的公式。

當我們嚮往某種職業時，可就「從事這個職業，我究竟想做什麼呢？」的宗旨思考。回答不出來的人，也就是還不確定是否真的想從事這份工作。

NO.78

一旦瞭解什麼是最重要的事情，其餘的就是手段了。

山田月（溝通藝術指導者）

考慮完「我的宗旨」，接下來試著思考「想實現的世界觀」，「想實現的世界觀」也就是「我為什麼追求這個主題的理由」，即支持「我的宗旨」的根據。

假設世界觀很清楚，職業或主題都只是手段。如果把它們視為手段，自己的選擇一下子就會變得很廣。不只如此，錄取工作的機率也會提高。為什麼呢？比起只說得出想從事職業名稱的人，能把想做的事以

「職業名」、「宗旨」、「世界觀」完整回答的人，理由更堅定。

NO.79

奇怪，偽善有什麼不好。
如果能成為偽善得很漂亮的大人，那也不錯啊！

結城正美，《機動警察》（小學館文庫）

前幾天，我和友人谷田貝良成（四十四歲，現旅居泰國曼谷）閒聊。提到前述「想從事的職業」×「我的宗旨」×「想實現的世界觀」。以下是我們當時的談話內容。

「受作家小田實的影響，我將工作宗旨視為優先。由於受小田先生的啟發，引起我對社會的關心。尤其大學時代去泰國跟尼泊爾旅行時產生了一些想法。

起初我的工作宗旨是『解決因政治造成的貧窮』。在學生時代快結束時轉為『找出能讓亞洲幸福的秘訣』。之後，我認識了東洋醫學的健康觀，在泰國遇到從各種創傷後遺症痊癒的人們。最後我抱持著『泰國人說不定有痊癒的力量』的想法創立公司。現在我的關鍵字似乎是泰國、健康、幸福。」

「很有你的風格呢。那你的世界觀是？」

「不知道能不能算是世界觀……我認為健康是幸福的基礎，覺得活用亞洲的智慧，提高大家的健康水準是我的使命。同時，我還參考所謂GNH（國民幸福指數）的概念，想反問日本人：對人來說，富裕究竟是什麼，幸福又是什麼？」

「GNH？國民幸福指數？」

「所謂的GNH，是由不丹的第四代國王所創造的名詞，模仿國民生產毛額GNP、國內生產毛額GDP，即是國民幸福指數。他曾說GNH比GNP、GDP重要。」

「我瞭解你的宗旨與世界觀了。那你想從事的職業呢？」

「高中時代，在我還沒建立自我核心價值時，我想當高中體育老師。大學時代，我想當革新政黨的政治家或記者。畢業後，由於想在亞洲工作，我成為旅行社職員。後來我獨立經營公司。」

谷田貝先生現在擔任Wellness Life Project公司的董事代表，以幫助老年人與殘障人士復健為目標，在泰國發展事業。

「說來好像有點繞遠路，經過各種變化呢。」

「跟你一聊我才想到，現在我所從事的事情、接下來打算要做的事、目前為止的工作屬性，幾乎都包含在內。」

「怎麼說？」

「我每天寫電子報，在《曼谷週報》地方報連載文章，這些部分類似記者的工作，所寫的主題雖不是改革，但多少跟政治還是有關；照顧殘障人士就像把他們當顧客，繼續從事旅遊業；我的興趣是瑜伽跟太極拳，跟體育老師也有交集。」

「能不能賺錢又是另一回事，過去自己想做的事，現在都以某種形式實現了。」

「不可思議，的確如此呢。」

NO.80

當我們採取某種行動時，對於「將來」或「幸福」似乎並不太在意。換言之，我們太過執著於今天怎樣比明天活得更好，結果，我們豈不是失去了「更美好的生活」，也放棄了幸福？

既然如此，我們何不試著想想另一種生活方式？因為我們不知道將來會不會幸福，也不確定「更美好的生活」會不會降臨，所以，就做自己想做的事，既然已經一路走來，就延續這樣的生存之道——也有這樣的生活方式。以自己的生活或行動為基準，就算犯了過錯，變得「不幸」，那也是無可厚非的事情吧。

福田恆存，《我的幸福論》、《福田恆存全集VII》（文藝春秋）

第十一章
富足的悖論

No.81-87

NO.81

資本主義為了繼續維持下去，必須開發新的商品市場，也就是持續創造新的商品與商機。讓大家把不必要的東西當成必要的，產生購買欲，換言之將浪費制度化是資本主義不可或缺的一環。

森下伸也（社會學家）

《悖論的社會學》

每天的消費，是為了贏得他人羨慕？

所謂的悖論（Paradox）也就是「違反大家接受的常識、一般認為是真理的說法」《廣辭苑》。在這一章，我們將思考「為了變得更富裕，其實反而變得更貧窮」的悖論。

許多人將經濟成長視為進步，但也不是沒有人將經濟成長視為退步。譬如撰寫《人類不平等起源論》的盧梭，認為未開化的人才是理想的人類。他認為從未開化的人轉變為文明人的過程，正是將質樸正直的人變為奢侈虛榮的文明人的過程，正因為文明的進步，使人在道德方面墮落。

佐伯啟思在《經濟成長的終結》（Diamond社）提出「讚美經濟成

長，難道不就是讚美人的虛榮心嗎？」的問題。

反觀我們的消費生活，會發現有相當部分不屬於為維持生存的必需品，而是為了贏得他人羨慕。也就是說，鼓勵人消費的大部分動力是「虛榮心」，也就是「向他人炫耀的心理」。

其中當然少不了促使經濟成長的「為滿足自己的虛榮心，逐漸產生需求」的消費欲望，以及企業煽動消費者「讓他們相信自己需要原本不需要的東西，採用各種手段讓消費者購買」。這種企圖與現在流行的「品格」並不相容。

隨著經濟成長，實現了免於匱乏的富足社會，的確是件好事。但如果支持富足社會的是消費者滿足虛榮心的狂熱、以及感染狂熱的生產者，那麼富裕的社會真的是理想社會嗎？出現這樣的反思。

生在一個時代末期的我們，究竟是要高舉經濟成長的旗幟繼續前進，還是有別的途徑可以選擇呢？——難道我們不該為此深思，探討我們究竟需要什麼樣的社會嗎？——倒不是無條件地反對經濟成長，而是反對毫無原則的經濟成長——我們應維持這樣的理性。

良性的社會、良性的公司、良性的工作環環相扣。健全的社會、健全的公司、健全的工作也息息相關。我們究竟想創造什麼樣的社會，為此應該要有什麼樣的公司，而自己又應該在什麼樣的公司從事什麼樣的工作呢？

NO.82

一個社會能享受的餘暇，
與這個社會所使用的省力機器數量成反比。

E・F・修馬克（經濟學家），《小即是美》（講談社學術文庫）

省力機器也就是以節省勞力為目的的機器。採用這類機器後效率提高，工作時間減短，這麼一來，勞動時間減少，休閒的時間應該會增加。然而，實際上卻不是這樣，省力機器為我們帶來便利，但也奪走了餘暇。

舉例來說，狩獵採集民族過著能有充分閒暇的生活（參考勒范恩，《時間地圖》），並不屬於飽受飢餓之苦、工時超長的生活形態。由於他們獲取食物的時間斷斷續續，所以閒暇很多，睡眠也很充裕。

凱因斯曾在一九三〇年預測「在今後一百年內，英國經濟將繁榮八倍，每人每週只需工作十五小時」。前一句「更繁榮」的部分沒有錯，後面「人們的勞動時間將縮短」的預測完全偏離現實。

所謂提高生產力，就是在短時間內製造大量東西。如果在短時間能製造大量物品，勞動時間就有可能減少，於是增加自由時間。也就是在經濟成長，實現富足的社會後，應該也會創造出餘暇時間充裕的社會。然而事實並非如此。

大部分的人都覺得「自己工作過度」，但卻無法減少工時，「在這樣的職場環境下沒有辦法」或許真是如此。但創造出職場環境的是人，超時工作與過勞死、憂鬱症、自殺等關係密切。仔細一想，富裕的社會真是比較好的社會嗎？不禁令人產生疑惑。

活得無所事事的人太多，
但生活被工作填滿，沒有好好過日子的人也不少。

查爾斯．R．布朗（小說家），節錄自泉三郎編，《專家的名言辭典》（東京堂出版）

變富有後，時間的價值提高了

為什麼人越富裕越忙？那是因為越有錢時間的價值越高，因此「不能浪費時間！」的意識越強。舉例說明，假設A、B兩人時薪不同，分別是一萬日圓與五百日圓。如果要這兩人休息一小時，去公園悠閒地散步，他們會怎麼想呢？

在這類例子中，人會採取以下思考方式。工作一小時獲得的「收入」

與散步一小時的「滿足度」相比，會選擇哪一樣呢？在這種情形下，把散步獲得的「滿足度」換算成金錢就很容易理解。

以A為例，如果要放下工作去散步，那麼從散步獲得的滿足感必須要超過一萬日圓。然而，B散步時只要有五百日圓的價值即可。即使兩人同樣在考慮「休息一下去散步」，A的門檻比較高，B的門檻比較低。

另外，有人可能會說「既然A的時薪是B的二十倍，B如果一個月工作二十天，那A一個月只要工作一天不就好了？」然而，實際上不是這樣。因為A的生活水準跟B不一樣。

觀察世間，人們都是過著符合自己收入的消費生活。收入提高但生活完全沒改變的人相當罕見，人都是在收入提高後，生活水準也跟著提高。

隨著薪水越高，時間變得相對寶貴，不能浪費時間的意識會提高。所得增加後生活水準提高也是人之常情，一旦提高後很難降低水準。

不能浪費時間與不想降低生活水準，這兩種意識會驅使人工作。結果人變得越富足，所得越高，工作時間也變得越長。

NO.84

如何，你最近還活著嗎？
爺爺也還活著喔。
所謂活著，就是每天晚上臨睡前，
覺得今天過得很充實。
所謂過得很充實，
就是受人認同、信賴，
被愛、感覺心跳。
啊，人這個字真是不可思議！
是呀，人在人群中活著，
在人的四周，又環繞著無邊的大自然。
所以你如果不去感受人、感受自然，就無法感受到幸福喔。
如果大家都幸福，自己也會覺得幸福，
要是想這麼做，就必須試著思考如何讓大家幸福。
不，光只是想還不夠，
應該試著去做。

一個人可能會膽怯，但你不是還有同伴嗎？
跟伙伴一起行動、行動、流汗，
假使不順利的話，再考慮接下來的方法。
要費盡一生堅持，
原來，你所做的事情，
稱之為文化。
你努力的樣子也就是無形的文化財產，
就算別人看不到，對於社會來說，也是莫大的資產。
我喜歡這樣的你，就像忍者一樣。
一般都是由國家指定，但這次爺爺想自己說：
「我指定你為非物質文化財產」。
不，爺爺不說也無所謂，
你自己認可就好。

牟田悌三（藝人、社會福利推動者）

「我現在正活著」的感受與「自己跟他人有關聯」的感覺有很深的關係。如果能深刻感受到自己與他人的關聯，透過某種共同事物感受到共鳴或共通點，人就會像牟田所說的，產生情感。

近年來，要產生這種「自己與他人產生聯繫」的感覺變得很困難。這跟各種溝通的弱化有很深關聯。溝通是使集團中的人有歸屬感，或成員間有一定的連帶感或相互扶持的意識。聽到溝通，大家腦中浮現的首先是家庭或社區，但不只如此。公司本身也是種重要的溝通方式。

從一九九〇年代初期，屬於公司的溝通開始弱化。由於過於重視成果，協力工作的氣氛變弱，職場改為由正職員工、約聘員工、非正式員工等立場不同的人構成。由於工作難度、專業度提高，工作形態轉變為獨立分工；也因電子郵件頻繁使用，面對面溝通的機會減少，聚餐與員工旅行等機會也降低等，有各式各樣的理由。

社會也好，公司也好，基礎建立在人與人的信任關係。信任一旦遭到破壞，不論制訂什麼樣的法律或規則，社會或公司都無法順利運作。若過度追求效率與速度，破壞了信任關係，就全盤皆輸。一定要在職場上以信賴為基礎，重新建立起人與人之間的聯繫。因此，我認為一定要能有更多交流的空間與時間。

重要的是不要孤立。要跟上司商量，向同事說出真正的想法。如果跟顧客關係良好，最好也跟顧客溝通清楚比較好。

如果你不是逃避型的人，很容易陷入孤立狀態。跟是錯是對都沒有關係。一旦孤立，會很辛苦，不是件好事喔。會陷入惡性循環，一旦孤立之後，就會只看到別人的缺點，情緒低落。

對於不理解自己的人，就一直談到對方理解為止。不拒絕聆聽別人的話，這些都很重要。對於拒絕我們的人，仍要說出心中的話，直到對方不再排斥為止。（中略）

孤單一人很寂寞，沒有好事喔。如果有伙伴就會覺得更堅強。找尋伙伴吧。所以要好好談話，澄清誤會。

mb101bold（創意總監）

部落格「某個廣告人的告白（或可說是愚蠢）」（二〇〇八年八月二十八日）

正如「自己跟他人產生聯繫」的感覺，自覺「與自然維持聯繫」對人來說也是不可或缺的。為什麼呢？因為人是「生物」。

猿猴出現於七千萬年前，據說在五百萬年前猿猴進化成人類。我們的祖先在「某個時期」，脫離了原先與自然合而為一的環境，開始生活在人工的膠囊中。這也就是都市化的開始。

我們暫且將工業革命作為進入「某個時期」的分水嶺。這麼一來，人類從五百萬年前到十八世紀之間過著與自然保持密切關係的生活。從十八世紀到今天過著脫離自然，在人工的環境下生活。也就是說，人類在自然中生活的時間，占了人類歷史的百分之九十九．九九六，在人工環境生活的時間只占百分之〇．〇〇四。離開森林開始居住在城市，也不過是稍早的事情。（宮崎良文〈自然環境與人〉，收錄於朝倉書店《最

新生理人類學》）

在森林中散步，令人感到說不出的自在，眺望田園風景時感到奇妙的熟悉，看到花草樹木就下意識地想要靠近，聽到河川的潺潺流動聲就想豎起耳朵——每個人應該都有這樣的經驗吧。不論頭腦如何都市化，「人的生理機能完全是從自然環境進化而來，也適合自然環境」（節錄自同前書），人類需要自然是理所當然的事。

隨著經濟發展，都市化持續進行，我們與自然接觸的機會隨之減少。於是像「退休務農」或「青年返鄉務農」這類名詞所表現出「回歸農業的現象」可說是相當自然的反動。為什麼呢？因為自然對人類來說，就像「故鄉」一樣。對於不得不離開「故鄉」的人類來說，不論以任何形態與名為自然的「故鄉」產生聯繫，都是不可或缺的。

只是就算想重新建立與自然的聯繫，能真正當成職業的人還是少數吧。從第一級產業到第二級產業、第二級產業到第三級產業，我們無法將產業的構造大幅扭轉。然而，即使是從事第二或第三級產業的人，透過參加非營利組織NPO或擔任志工，就能找回與自然的關聯。另外，就算沒時間從事這些活動，也能以消費者立場支持第一級產業從業人員。

NO.86

不知道大家對於「國破山河在」這句話怎麼想，其實跟國家是否滅亡了無關。對於「人死後將歸於塵土」，應該不會有人想成「人類社會就像寄生在土裡一樣」吧。當然人能夠生存要感謝這個社會。而正是自然支持著這個社會，現在的人恐怕必須重新思考這件事。

養老孟司，〈人類社會寄生在土裡〉（朝日新聞二〇〇八年五月十三日刊）

NO.87

你們能理解嗎？我們在某個地方誤入岐途了。人類的文明比以前更富裕，我們可自由支配更多的財富與餘暇。但我們缺乏某種難以定義、屬於本質上的東西。我們感覺更不像人，失去了某種神秘的特權。

聖．艾修伯里，《有意義的生活》（篠竹書房）

第十二章
人生的意義

No.88-94

NO.88

我們不是在問人生的意義，
我們自身就是在體驗被詢問的過程。
人生就是我們無時不刻提出疑問，
我們對於這些問題，不是鉅細靡遺地探索或討論，
必須以正確的行為回應。
所謂的人生，也就是正確地詮釋人生的意義，
人生就是每個人各盡自己的使命，
對於每天所做的事負起責任，
除此之外別無他法。

V・E・弗蘭克（心理學家）

《夜與霧》（篠竹書房）

什麼是自我實現？

「無論如何還是希望從事能自我實現的工作。不過，想透過工作實現自我相當困難呢。」許多人應該都這麼想吧。當人們說「透過工作自我實現很難」，腦中可能也浮現「透過興趣或家庭生活或許能自我實現」。

不過，有人可能同時也想到「透過興趣或家庭生活達成的自我實現，不算真正的自我實現」。那麼，究竟什麼是真正的自我實現呢？

我第一次聽到自我實現這個名詞，是在距今二十年前。當時不論我讀幾遍，腦筋就是轉不過來。當然表面上的字義能夠理解，但總覺得有什麼地方想不通。解說是這樣寫的：

所謂自我實現，居於亞伯拉罕・馬斯洛（Abraham Harold Maslow）提出的「需求層次」（生理上的需要、安全需要、社交需要、尊重需要、自我實現需要）最高層級。人類滿足生理上的需要後，就想尋求安全上的需要，安全上的需要滿足後，接下來又想滿足社交方面的需要，依序在滿足下層的需求後，上層的需求就出現了。而最高層次的自我實現欲望，也就是渴望實現自己潛在的可能性，以自己內在成長為目標。這種欲求基本上並不仰賴名譽、地位、報酬等他人給予的報償。

我在執筆寫這本書的過程中，漸漸瞭解自我實現的意義。而且也明白自己過去為什麼不懂「自我實現」這個名詞的意義，因為我不懂所謂「自我」的意思。

自我實現這個名詞可拆開成「自我」與「實現」。如果說「實現計劃」就比較好懂，但如果說「實現自我」就令人費解。因為「計劃」可以展示，但「自我」卻無法具體呈現。

自我實現必須透過他者

在第五章我曾提過，人無法自己為自己定義，自己存在的證據只能由他人給予。因為人不是實體的存在，而是關係上的存在。當我們說自我實現，要實現的自我卻不存在於自己內部，存在於外界，只在跟他者具體的關係之中。

美國哲學家米爾頓．梅洛夫（Milton Mayeroff）曾在《關懷的力量》一書中提及：人必須在關懷他人的過程中實現自我。這裡所謂的關懷指的是什麼？一般來說，關懷包括協助、照料、照顧、關心等，梅洛夫將關懷定義為「幫助他人成長、讓人事物成為它們應有的樣子」。

想自我實現，需要他者的關懷。這裡的他者不限於人，也包括動植物、作品或構想。但千萬不要弄錯，他者不是一種手段。梅洛夫在書中也提及「我並不是為了自我實現而幫助對方成長，而是因為幫助他人成長，而後促成我自己的自我實現」。

「自我實現」與「意義實現」

V．E．弗蘭克所表達的意思，一言以蔽之，就是「不要問人生有什麼意義，要問你能為人生賦予什麼樣的意義」。諸富祥彥在《弗蘭克心理學入門——無論何時都要讓人生有意義》將此訊息解釋為：我們不是實現「自我」，而是實現「意義」。

弗蘭克心理學不是主張實現「自我」，而是實現「意義」。

簡單說，人生在要求一個人「應該做的事」、「要求去做的事」，並促使其確實地落實。

具體來說，可歸納為以下的疑問：

「你對自己的人生有什麼樣的追求？」

「有人需要你嗎？」

「你有應該做的事情嗎？」

「對於那些需要你的人與事，你能為他們做些什麼呢？」

我試著歸納如下。

人生普遍沒有意義。所以，不能向他者尋求自己人生的意義。別人不是你，所以無法回答。你只能自己思考。另外，人生的意義不在於「遙不可及的遠處」，或是「勉強拼湊出來」。是這個世上「已存在的事物」，所以只要找出來就好。

既然要找，就需要「找出來的意志」。環顧自己的周遭，試著思考「什麼事需要你的力量」、「有誰需要你的力量」，然後提出具體的行動。這些行動集合起來也就是自己。**促成這些行為的動機，正是你人生的意義。**

NO.89

人生的意義不能在我們的人生中發現，或是像某種隱藏起來可以找得到的東西，而是我們必須在自己人生中所賦予的。我們透過自己的行為與行動、自己的勞動、自己的活動，以及人生與他人、世界對我們的態度，可體會出自己人生的意義。

因此，思索人生的意義也就是思索道德規範。亦即為了讓自己的人生有意義，我們究竟要給自己什麼樣的課題。

卡爾．R．波普爾，《追求更美好的世界》（未來社）

NO.90

幸與不幸都好。

兩者具有同樣的價值。

人生明顯具有意義。

業田良家，《自虐之詩》（竹友房文庫）

NO.91

自己不是自己，所以才是自己。

山田邦男（哲學家），《「自己」的存在》（世界思想社）

「自己不是自己，所以才是自己」這句話可以拆成前半段「自己不是自己」與後半段「自己是自己」分開來思考。

前半段的「自己不是自己」具有普遍性。怎麼說呢？當我們觀照自己的身體或心靈時，自覺「這就是我！」其實不具意義。後半部「自己是自己」意謂著獨特性，也就是找遍全世界也不會有跟自己完全相同的人，所以「果然就只有我！」。

重新整理一下，人類是「具有普遍性的存在」加上「具有獨特性的存在」，人必須消化體內的「普遍性」與「獨特性」。

接下來我想討論的是，在為自己的人生賦予意義時，要先徹底理解自己的普遍性，然後再去追求自己的獨特性，這點非常重要。希望大家本著「『自己』的本質」進行思考。首先就人的普遍性加以說明。

自己不是自己?!（談人的普遍性）

所謂普遍性，就是人會創造出自我以外的部分。就像我們雖然說「這是我的東西」，但實際上什麼都沒有。就像佛教說的「本來無一物」。

這包含了兩種意思。其中之一是所謂自己不是實體的存在，而是關係的存在（請參考第九章）。還有一點就是，自己的身體或心不是自己的所有物。接下來就這兩種意思加以說明。

首先，我們真的是自己嗎？並非如此。自己的身體不能算是自己的所有物。為什麼呢？就像「I was born」的表現形式一樣，我們無法自己選擇要不要出生。我們來到世界上與自己的意志或選擇無關，因為「不明究理來到世界上」，我們不知不覺成為現在的樣子。

試著觀察自己的身體。心臟在跳動，我們身上沒有裝電池；睡覺的時候心臟也仍在跳動，這真是件值得慶幸的事。當然並不是我們要心臟跳動所以才動。證據就是儘管「希望心臟一直跳下去」，有一天它還是會停止。這部分的作用不受意志控制。

接下來試著想想心靈。自己的心靈真的屬於自己嗎？自我們出生以來，受到許多人、自然、風土、文化的影響。塑造出這樣的心靈並非出於我們的意志，心靈不可能以這樣的方式形成。我們透過各種經驗累積，不知不覺讓心靈成形。這麼一想，我們的心靈也不屬於自己。

以上就是以「自己不是自己」為關鍵，說明人的普遍性。接下來將探討「自己是自己」。

自己是自己！（人的獨特性）

「自己是自己」意謂著人是具有獨特性的存在。世界上沒有同樣的兩個人存在，沒有人長得一模一樣、擁有同樣的心。就算想塑造同樣的人也不可能。

正如前文多次反覆提及，人是關係的存在。要把自己想成各種關係交會的「集合點」。所謂集合點有兩種意思。從三十六億年前生命誕生延續到未來的時間軸上可看到的集合點，以及宇宙全體與地球空間廣大關係脈絡的集合點。世界上有無數集合點，但每個集合點都是獨一無二的存在。

就空間與時間上的意義來說，世界上沒有跟自己相同的人存在。自己在出生前不存在、死後也不存在，所以自己的人生只有一次。

這種獨特性不只對自己很寶貴，對於自己以外的他者、社會或世界也很可貴。因為「如果人生就這樣結束，不能展現獨一無二的自己，原本應該由自己實現或獲得實現的事物，在永遠無法實現之間就結束」。

（節錄自山田邦男，《「自己」的存在》）

我的人生只能活一次，也就是只給我一次機會的人生。對於只能活一次的人生，我究竟有沒有為自己而活呢？到底我對於所謂的人生、我自己的人生，有沒有好好活過呢？

高見順〈生命之樹〉

《高見順全集／第五集》（勁草書房）

那麼，在一個人身上同時具備的普遍性與獨特性如何維繫呢？那就是「人具有普遍性，因此，人有其獨特性」，「因此」這個連接詞就是主要的關鍵。

這意味著當我們意識到人的普遍性時，也就是第一次能發揮人的獨特性時。如果沒有意識到普遍性，人的獨特性也就不存在。甚至可說，只有透過普遍性，才能展開獨特性。就像在第六十頁我們提過，只要人侷限在形之中（也就是普遍性），就無法破壞型（亦即獨特性），道理相同。

譬如我的桌上有橡皮擦，這塊橡皮擦在世界上沒有同樣的第二塊。雖然一樣的橡皮擦在世界上很多，但現在我桌上的橡皮擦只有一塊，這意味著橡皮擦具有獨特性。但是，橡皮擦的獨特性與人的獨特性不同。

我們人在普遍性中找到自己的位置，從中找到發揮自己獨特性的道路。人類根據自己的意志與努力，能創造出新的自己與新環境。這點跟橡皮擦不同。

我們將
過去人們傳承的事物，
賦予我們的精神與勞動，
再交付給未來的人。
希望盡可能做好而後傳承。

武者小路實篤〈我輩〉

《武者小路實篤／人生詩集》（銀河選書）

NO.94

我們身體上的變化跟四季的更迭有所不同，可說是原則上完全不同的東西。我們每個人如果不像吉田兼好所說的，先訂下目標為「覺得一定會達成的事」努力，這世界上就不會有具意義或價值的事。所以仔細思考人世間的秩序，就會明白隨著死亡一切將結束，真是不可思議。我們無法以死為目標生存。明白這個道理的人，就能好好活著與死去吧。這不是語言遊戲。如果我們能以知性捕捉所謂「心」或「命」象徵的事物，沒有比這更好的說法吧。

小林秀雄〈生與死〉

《小林秀雄全集第二十六集》（新潮社）

第十三章

活著就是創造屬於自己的故事

No.95-99

NO.95

「自己一直以來，究竟為什麼而煩惱，又為什麼而開心？
為何而受傷，又為何而感動？
與誰相遇，與誰分離，
得到了什麼，又失去了什麼？」
像這樣以自己獨一無二的經驗交織而成的故事，
正是構成個人風格的核心要素。

野口裕二（社會學家）
《敘事的臨床社會學》（勁草書房）

近年來，敘事（Narrative）這個字彙頗受矚目。它代表「故事」，原先只運用在文學、文藝等領域，最近超出原先的範圍，成為各領域重要的關鍵字。

在書店心理學的書架上，有許多與傾訴療法相關的書。醫療看護、社會工作等領域也開始盛行使用這個說法。這一連串的相關活動稱為敘事方法（Narrative Approach）。

敘事方法採取社會建構主義，社會建構主義主張「不是先有這個世界，然後用語言表現；而是先有語言，然後照語言指示形成世界」。從這個觀點試著思考「自己是什麼」，會得到「不是先有已成型的自己，接著以語言表現，而是先有語言存在，我們才根據語言呈現的意象成為自己」。

在某個場合我認識了A。當時A雖然提到自己所屬的公司與工作內容、考取的證照、興趣等，但我覺得自己只知道表面上的A，並不真正瞭解這個人，所以印象並不深刻。

可是，如果A說的是：「我過去從事×××，目前投入○○○，接下來想嘗試△△△」，就會對A的形象很明瞭，由於知道對方的特色，比較容易記得。

假設把A置換成「自己」，道理相同。如果只是列舉出自己的公司、年齡、學歷、興趣、關心的事情、優缺點、能力與證照等，也無法充分表達自己。多少會留下「像這樣的人除了自己以外還有很多啊」的遺憾。可是如果試著以故事敘述自己的過去、現在及未來，就能清楚看出「特質」。

如果想針對自己的工作徹底思考，敘事方法是很有效的方法。

我們從出生以來到今天歷經各種經驗（遭遇與感情）。在敘述這些經驗時，我們與各種經驗建立關係，也就是為個別經驗賦予意義。透過將分散的點連結成線，也會將分散的自身統合為一體，可說是將原本樣貌模糊的自我釐清的過程。

不過就算在房間裡自言自語也沒用，這會有兩方面不足。

第一是為敘述的準備工作。譬如試著畫出人生藍圖。也就是回顧過去的事情，根據當時的滿足程度畫出曲線。或是準備不同顏色的便利貼，記下過去發生的主要事件、自己嚮往的職業、熱衷的事情、曾造成影響的人與物等沿著不同時期貼上，也是個方法。總之，如果不經過這樣的準備，很容易說出缺乏脈絡的故事，而且也看不出自己的人生藍圖。

還有一點不足的是，沒有聆聽者，也就是跟你一起重新檢視建構故事的人，存在。

在你內心對於發生的事件與自己的感情取得平衡了嗎？你把事件列舉出來了嗎？是不是只注意到感情的部分？故事的走向合理嗎？是否夠通順？還有別的解釋嗎？你與他者或社會的關係有沒有變得更豐富？

聆聽者會從這些角度檢視你的故事。為了讓故事更豐富，聆聽者會給予建議，可說是跟你一起創造人生「修訂版」的伙伴。

NO.96

就像划在湖面上的小船，
人是面向過去朝著未來而行，
眼裡看到的只有過去的風景，
明天的景色無人知曉。

保羅・瓦樂希（詩人）

劃出鮮明的點

在第七章介紹過賈伯斯的話，他在同一場演講中，曾說「我們無法預知未來，看出點與點之間的聯繫，你們所能做的，只有回顧過去的關聯。所以就算是零散的點，將來一定會以某種形式聯繫在一起」。

就算現在零零散散、什麼脈絡都沒有的點，將來一定會產生關聯。只要願意相信，就會湧現力量。不過，想讓這些點在將來某一刻構成聯繫，就要劃出鮮明的點。

模糊不清的點在聯繫前就會消失。傾聽自己深刻的欲望，實現自己該做的事，在各種場合全力以赴——這就是所謂劃下鮮明的點的意思。

NO.97

所謂的「靈魂」也就是各式各樣的人、人與物的「聯繫」，從中會有「故事」誕生。因此，「故事」與「靈魂」的關係很深厚。譬如有棵樹。人可以擅自將其砍倒，或是視若無睹。不過，如果有「很久很久以前，這棵樹……」這類的故事，人聽了感興趣之後，不但無法隨便將樹砍倒，反而會以注連繩將其圍起來參拜。許多傳說具有力量，令人感受到有「魂魄」寓於「物質」。

河合隼雄（心理學家）

《河合隼雄著作集　第II期　故事與現實8》（岩波書店）

我們常聽人說，對這份工作投入靈魂，或沒有投入靈魂。

究竟所謂的「靈魂」是什麼？河合隼雄對於這個字彙採取跟宗教不同的用法。解釋為「從榮格派分析的成果產生，在意圖上模擬兩可的言辭」，認為存在於事物間，遇到分裂時就會消失。容格派的分析家詹姆斯．希爾曼（James Hillman）則持相反意見，認為事物的「分割」才適用於「靈魂」這個字（根據《河合隼雄著作集》）。

如果參考河合隼雄或希爾曼的看法，沒有投入靈魂的工作可說是「切割的工作」。出於「工作就是為了賺錢」而切割的工作。為實現其他目的才從事的工作，為充實別的時間而做的工作。

相反地，「投入靈魂的工作」是沒有切割的工作。可以「工作的報酬就是工作本身」形容。另外，也可說是感到自己與其他事物有關聯的工作。自己的身與心相連，自己與他者相連、自己與自然相連、自己與地域相連、自己與工作內容有關聯。

活著就是創造屬於自己的故事。

為創造「自己的故事」，「自己思考」「自己決定」「自己實行」都非常重要。如果能做到這三者就夠了。超過這些範圍，譬如還要追求結果，只會讓自己痛苦。那是神所掌管的範疇。不畏懼地一步步前進，意義就在過程中。

不過另一方面，儘管說是「自己的故事」，也不能封閉在自己的殼裡，要對他人開放自己。自己是在與家人或同伴、社會、世界的關係間生存、成長。首先要關心別人而不是自己，然後找出某種宗旨，努力地試著達成，在過程中自我也逐漸建立。這樣的構成就是「自己的故事」。

據說在古羅馬，「活著」與「在眾人之間」是同義字（參考漢娜・鄂蘭，《人的處境》）。在眾人之間，正意味著與他者往來。為了與他者往來，所以要從事工作。**人與人只有透過工作才能真正往來。**所以工作在生命中占有相當重要的位置。

說「活著」或許有些沉重。但試著將「活著」改為「創造自己的故事」，感覺就會比較輕鬆。透過這樣的置換，對於自己人生發生的各種事件可以維持恰當的距離感，既不過於貼近，也不算逃避。只要能體會這種距離感，就一定能以冷靜的頭腦與溫暖的心自處。

也就是不將自己遇到的障礙視為「問題」，而視為「課題」的心態。問題是種麻煩的東西，而且非解決不可。但課題不一定棘手。就像屋頂的重量是維護家屋安定的支柱，同樣地，課題也能讓人挺直腰桿、變得更堅強。有興趣的話，甚至還能將課題昇華為人生的宗旨。

重要的是接受課題，並且採納它。課題與問題不同，沒有正確答案。在接受與採納之間——意義自然存在。

NO.98

像星星一樣，
不要著急，
但是不要停下來，
人都是繞著自己的罪惡感重蹈覆轍！

歌德，《歌德格言集》（新潮文庫）

NO.99

自己在今天一天就這樣活著，生活。說來，自己在分分秒秒間，過著邁向死亡、無意義的生活。彷彿死與無意義是讓自己對行為感到緊張的熱情，說不定在分分秒秒間，就會成為提供無窮生命力的泉源。

椎名麟三，《永遠的序章》（河出書房）

本書所摘錄的名言中，如有未標明出處的段落，則是摘錄報紙、雜誌、網頁、電視上刊登的句子。

人生顧問 CFH0218

金錢之外，工作的理由

作者—戶田智弘
譯者—嚴可婷
主編—李宜芬
責任編輯—楊佩穎
美術設計—蔡南昇、周世旻
執行企劃—張燕宜
助理企劃—石瑷寧
董事長—趙政岷
總經理—
總編輯—余宜芳
出版者—時報文化出版企業股份有限公司
一〇八〇三 臺北市和平西路三段二四〇號四樓
發行專線—（〇二）二三〇六—六八四二
讀者服務專線—〇八〇〇—二三一—七〇五・（〇二）二三〇四—七一〇三
讀者服務傳真—（〇二）二三〇四—六八五八
郵撥—一九三四—四七二四 時報文化出版公司
信箱—臺北郵政七九～九九信箱
時報悅讀網—http://www.readingtimes.com.tw
法律顧問—理律法律事務所 陳長文律師、李念祖律師
印刷—盈昌印刷有限公司
初版一刷—二〇一五年九月十一日
定價—新臺幣三〇〇元

國家圖書館出版品預行編目資料

金錢之外，工作的理由 / 戶田智弘著
嚴可婷譯 -- 初版. -- 臺北市 : 時報文化, 2015.09
面； 公分. -- (人生顧問 ; CFH0218)

978-957-13-6353-0 （平裝）

1. 職場成功法

494.35 104014638

ISBN 978-957-13-6353-0
Printed in Taiwan

続・働く理由 99の至言に学ぶジンセイ論。
"ZOKU・HATARAKU RIYU 99 NO SHIGEN NI MANABU JINSEIRON" by
Tomohiro Toda